SABA's KITCHEN
萨巴厨房
TM

减脂健康餐

萨巴蒂娜◎主编

中国轻工业出版社

我的减法生活

健康的生活不只是减脂，很多方面都要做减法。

物质方面，尽量简单，而需要丰富的，是精神世界。

现在我的生活很简单，作息规律，按时睡觉，早起，不熬夜。不应酬，饭局一概拒绝。

省下的大量时间，都用来宠爱自己。在爱自己方面，我从来不怕浪费时间和精力。

尽量不吃外卖。其实，只要自己烹饪，入口的食物想不健康都难。

油盐酱醋，在力所能及的范围之内都买最好的。青菜，好好清洗；鲜肉，细细加工。每顿做好刚刚够吃，不浪费，所以也不吃剩菜。

三餐规律，早餐和晚餐一定是自己做的。我喜欢用香脆的全麦面包给自己做一个塞满了蔬菜和鸡胸肉的三明治，淋上自制沙拉酱，吃得好饱。又或者，自己包荠菜鲜肉小馄饨，放紫菜、虾皮和青菜，滴上几滴香油和醋，连汤带水，吃完不仅肚子是饱的，精神也极度愉悦。

每天下午或者晚上健身，如果时间不够，就拿着手机听着音乐走半个小时。喜欢出汗的感觉，喜欢无论去哪里，都不用担心体力不支。上个月瘦了2公斤，很开心。岁数增长，其实只要不长肉就是开心的，如果能瘦一点，就更加棒了。

嗯，自己给自己鼓劲，如果你想过得快乐简单健康，那么就无人可以阻止你的步伐。

剩余的时间，我都用来工作，以前我觉得工作是一件痛苦的事，现在我无比热爱我的工作，因为规律的作息、健康的饮食和坚持不懈的健身，所以今年的工作效率是去年的三倍。我希望我的大脑一直运转，永不退休。

真是喜欢现在的自己。

萨巴蒂娜
个人公众订阅号

萨巴小传：本名高欣茹。萨巴蒂娜是当时出道写美食书时用的笔名。曾主编过五十多本畅销美食图书，出版过小说《厨子的故事》，美食散文集《美味关系》。现任"萨巴厨房"主编。

敬请关注萨巴新浪微博　www.weibo.com/sabadina

计量单位对照表

1 茶匙固体材料 =5 克　　　　1 茶匙液体材料 =5 毫升

1 汤匙固体材料 =15 克　　　　1 汤匙液体材料 =15 毫升

目　录

CONTENTS

减脂瘦身期间

怎么吃

调整生活习惯，

通过运动减脂

如何控制油脂摄入

利用烹饪工具，

减少热量摄入

利用调味品，

减少热量摄入

选用低脂肉类

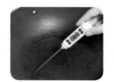

关于制作那些事

预制半成品，轻

松烹制减脂餐

CHAPTER

1

菜肴篇

凉拌紫甘蓝

凉拌茼蒿

凉拌鸡丝

彩虹沙拉

三文鱼藜麦沙拉

低盐版酱牛肉

自制牛肉丸

CHAPTER
2
主食篇

酸奶饼

114

蔬菜鸡蛋饼

115

韩式泡菜海鲜饼

116

南瓜花卷

118

刀切黑米馒头

120

香脆馒头

122

红豆燕麦粥

123

大虾饭团

124

高纤杂粮饭

125

洋葱肥牛饭

126

胡萝卜香菇糙米饭

128

超模藜麦饭

129

蒜香鸡腿饭

130

排骨焖饭

132

海鲜焖饭

134

华丽蛋炒饭

136

鲜虾鸡肉饺

138

缤纷开放三明治

140

牛油果三明治

141

全麦餐包

142

火烧云吐司

143

鸡胸肉吐司卷

144

五香牛肉干
146

鸡肉干
148

健康版鸡米花
150

烤虾干
151

香烤鱿鱼丝
152

燕麦能量棒
153

自制每日坚果
154

香脆香菇干
155

香辣薯片
156

南瓜鸡蛋羹
157

酸奶水果捞
158

香蕉牛奶
159

纤体奶昔
160

薯味牛奶饮
161

秋葵土豆泥
162

酸奶果仁紫薯泥
164

紫薯山药糕
165

香蕉玛芬蛋糕
166

虾仁蛋挞杯
167

椰蓉小方
168

椰汁蜜桃冻
169

火龙果奶冻
170

初步了解全书

看着名字就流口水

参考热量表让你对摄入的热量心中有数

营养贴士让你吃出健康

时间、难易度清楚明了

品尝菜肴也是有情怀的

需要用到的食材一目了然，要打有准备的仗

详尽直观的操作步骤让你简单上手

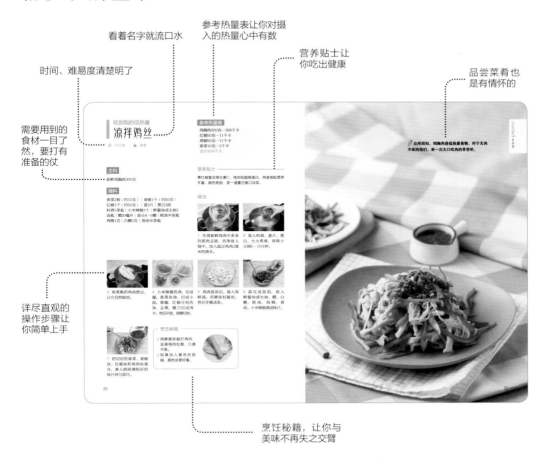

烹饪秘籍，让你与美味不再失之交臂

为了确保菜谱的可操作性，
本书的每一道菜都经过我们试做、试吃，并且是现场烹饪后直接拍摄的。
本书每道食谱都有步骤图、烹饪秘籍、烹饪难度和烹饪时间的指引，确保你照着图书一步步操作便可以做出好吃的菜肴。但是具体用量和火候的把握也需要你经验的累积。

如何更好地减脂瘦身

减脂瘦身期间怎么吃

首先我们要减少碳水化合物的摄入量，多吃一些能量低但是饱腹感强的食物，例如玉米、红薯、粗杂粮等。这些食材的膳食纤维含量较高，十分耐饥，也能为机体带来持久的能量。

两餐之间可以加一些水果食用，例如香蕉、苹果、梨等。可减少下一餐中正餐的进食量，也会避免蛋白质、碳水化合物、脂肪的集中摄入。

避免吃一些热量过高的食物，消耗不掉的热量会转化为脂肪，囤积在身体中，导致肥胖。有人以为"减脂瘦身餐"就是白水煮，但长期保持这种饮食，能量供应不上，就会给身体带来一些负面影响。所以健康有效的方法就是按照自己的口味和喜好来制作属于自己的健康餐。

调整生活习惯，通过运动减脂

保持良好的生活习惯

日常除了在饮食上保证碳水化合物、蛋白质、优质脂肪、膳食纤维等营养素合理配比，保持良好的生活习惯也是非常重要的。如保证充足的睡眠、不暴饮暴食、不吸烟酗酒，还要少喝饮料等。

让身体内分泌逐渐趋于正常，让各个器官在该休息的时候休息、该工作的时候工作。否则，身体一直处于一种紧张备战的状态，出于生物本能就会吸收更多的热量储备为脂肪。

进行简单的有氧运动

日常生活中，我们应坚持做一些简单的有氧运动，例如：散步、慢跑、骑自行车、游泳、瑜伽等。按照自己能接受的运动方式，时间一般在30～40分钟，呼吸有些急促，额头微微冒汗就可以了。这些运动可以提高自己的心肺功能，有助于提升新陈代谢水平，避免热量过多地转化为脂肪。如果实在没时间，也可以将日常生活中的一些小习惯改一下，例如：能走楼梯不乘电梯、能站着别坐着、能步行不代步等。这些小习惯虽然不显眼，但是日积月累下来，自己也会有不小的收获。

运动与饮食都是相辅相成的，坚持运动和良好的饮食习惯，就会有一个好身体。从今天开始做起，给自己加油吧！

如何控制油脂摄入

假如你想炒菜，本来可以用2汤匙油量，减脂期间你就可以用1汤匙的量，这就是减少油量。例如制作黄瓜炒鸡蛋，炒鸡蛋的时候用一半的油量，再炒黄瓜的时候用剩下一半的油量。通过这样的操作就减少了油量的摄入。

就是放一点点油，将你的锅底均匀涂抹一层油就可以。这样既能减少油脂的摄入，又能将食材本身的营养元素更好地释放出来。例如制作番茄龙利鱼时，因为有了一些底油，在炒制番茄时就能将番茄红素更好地释放出来。

顾名思义就是在制作过程中不放油。一般在制作早餐时都不会放油，例如烤制火烧云吐司，不用一滴油就可以将早餐做得香喷喷。

利用烹饪工具，减少热量摄入

不粘锅

在不放油或者少油烹饪时使用不粘锅。例如烹制掌中宝（见菜谱"香菇掌中宝"P38），掌中宝本身会含有一定量的油脂，所以可以用不粘锅将掌中宝本身的油脂加热出来，使菜品可以在不放油或者少放油的情况下烹制成熟，从而控制油脂的摄入。

烤箱

一般多用于制作肉类，可以在烤制时在食物上刷一层底油，这样会更好地保留食物的原汁原味。在烤制的时候菜品和主食都能一起制作出来，所以非常便捷。

蒸锅

使食物在蒸制的过程中达到成熟，例如制作虾蓉酿丝瓜，既保持了食物的鲜美，也不会添加多余的油脂。

料理机

这是制作健康饮品的好助手，可以使膳食纤维更好地保留在果蔬汁中。也可以将一些鱼肉或者虾肉制作成肉糜，在烹饪过程中可起到很好的助力。

空气炸锅

家庭烹饪多半不喜欢油炸，主要是因为用油量大。但是可以用空气炸锅将食物本身的油脂炸出，不用担心浪费很多油，还能控制油脂的摄入量。

利用调味品，减少热量摄入

最好选择添加剂少的，或者是天然原料制作的调味品。这样不仅能为菜品提味，还能保留原材料本身的鲜美。下面提到的调味品都是家庭中常用的，大部分可以在超市购买到，而且没有热量或热量极低。用这些调味品代替糖、蜂蜜、芝麻酱等热量较高的调味品，有助于减脂瘦身。

盐

盐是日常调味不可或缺的一部分，也是人体不可缺失的矿物质元素。但是每日摄入的盐过多，会造成高血压等疾病。我国居民膳食营养指南推荐每人每日摄入盐应不超过6克。

生抽

生抽是酱油的一类，是粮食酿造的，其中钠含量较高，也是一种调味品。如果在制作菜品中放了一些生抽，就可以少放或者不放盐了。

胡椒

胡椒具有辛辣味，当制作一些清淡的食物时，可以放一些胡椒，不仅可以提升菜品的颜值，味道也会变得很不一样。

意式综合香料

这是一种西式的调味品，烤制的时候用得比较多，其味道浓郁芳香。这也是一种天然的综合香料，不添加任何化学品，可以放心使用。

选用低脂肉类

减脂健康餐中，食用比较多的肉类包括鸡肉、牛肉、鱼肉、虾肉，这些肉类的蛋白质含量高，易消化，且脂肪含量较少，能为人体提供蛋白质的保障，也是能量的重要来源。

处理肉类时，一定要取出那些肉眼可见的血管、淋巴、凝固的血块杂质等。

焯水时，要先撇净煮出的血沫，然后再进一步烹制。出于食用安全考虑，要保证肉类彻底烹制成熟。

关于制作那些事

油温控制

1. 先用中小火将锅加热。

2. 再将油倒入锅中。

3. 通过肉眼可见油温的变化。

4. 把手放在油锅上，掌心觉得微热，或者见油锅之中微微冒起白烟即可。

5. 这时就可以爆炒青菜和肉类了。

6. 炒菜的食用油多半会用玉米油、花生油、葵花子油。有时候用油量比较少，油温上升速度很快，这时候要注意观察，及时调整火候的大小。

勾芡

1 将 1 茶匙淀粉放入小碗中。

2 然后加入 1 汤匙清水。

3 搅拌均匀后就形成了水淀粉。

4 在制作菜肴关火前，倒入水淀粉。

5 水淀粉有助于汤汁黏稠，让菜品更入味。如果不知道放多少量，可以少量多次放入，注意观察。

汆烫蔬菜

1 绿叶蔬菜比较容易成熟，每次汆烫的时间不宜过久。洗净后倒入开水锅中。

2 汆烫五六秒后就可以捞出，时间太久容易造成水溶性维生素的流失。

3 根茎类蔬菜汆烫时间可以略微长一点，10 秒左右就可以了。

预制半成品，
轻松烹制减脂餐

有些食物可以做成预制品保存起来，吃的时候再略微加工一下。这样节省了烹饪的时间，能轻轻松松地吃到自己做的健康餐，何乐而不为？

禽肉类

代表食材：鸡胸肉（鸡腿肉）

预制方式：腌制

腌制方法：

1.将鸡胸肉或鸡腿肉放入容器中。

2.加入奥尔良调料和料酒、盐、生抽、洋葱等。

3.将鸡胸肉或鸡腿肉腌制1小时或者隔夜。

4.腌好后将肉分别装入保鲜袋，放入冷冻室中保存即可。

后续工序：

解冻后，可用少许油煎制成熟，然后搭配水煮西蓝花食用，也可以将腌好的鸡腿肉和土豆块放入烤箱里一起烘烤熟。

畜肉类

代表食材：**牛肉**　　　　　预制方式：**腌制、煮制**

腌制方法：

1. 先将牛肉放在清水中浸泡出血水。

2. 然后切成薄片。

3. 可以用叉子在牛肉上多插一些小孔（使牛肉的纤维断裂），以便更好地腌制入味。

4. 可加入料酒、生抽、黑胡椒、意大利综合香料、洋葱等腌制。

5. 腌好后分别装入保鲜袋中，放入冷冻室保存。

煮制方法：

 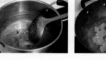 

1. 牛肉冷水下锅后，焯掉血沫。

2. 另起锅，加入桂皮、八角、香叶、料酒等调味品，然后放入牛肉炖煮成熟。

3. 将煮好的牛肉分成等份，装入保鲜袋中，放入冷冻室保存即可。

后续工序：

可以将腌制好的牛肉制作成牛排或者烤肉，然后搭配新鲜时蔬食用。

冷冻的熟牛肉可以解冻后加热食用。

CHAPTER

1

菜肴篇

夏日里总觉得由内而外散发着热气，做一道清爽的凉菜，让肠胃也解解暑吧。

夏日清爽口味
凉拌紫甘蓝

🕐 10分钟　　🔥 简单

主料

紫甘蓝1个（约300克）

辅料

香菜2根（约10克）
白糖2茶匙 | 鸡精半茶匙
白醋3茶匙 | 盐半茶匙
香油半茶匙

烹饪秘籍

1 如果不喜欢紫甘蓝的味道，可以在没切丝之前用热水汆烫一下，然后浸入冷水中。时间不宜超过10秒。这可以改善紫甘蓝的口味。

2 紫甘蓝不宜焯水时间过久，否则营养会流失。

参考热量表

紫甘蓝300克…76千卡
香菜10克…3千卡
白糖10克…40千卡
合计119千卡

做法

1 将紫甘蓝的叶子一片一片剥下来，放在淡盐水中浸泡5~10分钟。

2 将紫甘蓝捞出，控干沥水，切成细丝，装盘备用。香菜洗净，切段，放入切好的紫甘蓝中。

3 另取一个小碗，加入白醋、白糖、鸡精、盐、香油，做一个酸甜调味汁。

4 将做好的调味汁淋在紫甘蓝中，搅拌均匀即可。

涮火锅的时候特别喜欢放一些茼蒿，有一种淡淡的清香，特别爽口。茼蒿涮、炒、凉拌都很好吃。

碧绿青草
凉拌茼蒿

🕐 10分钟　🔥 简单

主料

茼蒿200克

辅料

小米辣椒3根（约5克）
蒜8瓣（约20克）｜蚝油2茶匙
生抽1汤匙｜油1汤匙

烹饪秘籍

茼蒿焯水的时间不宜太久，放入锅中变成深绿色就可以捞出。

参考热量表

茼蒿200克…48千卡
小米辣椒5克…2千卡
蒜20克…26千卡
合计76千卡

做法

1 茼蒿洗净控水，切成5厘米左右的段备用；大蒜切成蒜末备用。

2 锅内加适量水烧开，放入茼蒿余烫熟，捞出控水，放入容器中备用。

3 将蚝油、生抽、蒜末放入小碗中，搅匀调成调料汁，然后淋到茼蒿中。

4 另起锅，将油烧热，淋在茼蒿上，搅拌均匀，再切一点小米辣椒撒上即可。

19

吃到饱的低热量
凉拌鸡丝

🕐 15分钟　🔥 简单

参考热量表

鸡胸肉300克…399千卡
红椒50克…11千卡
青椒50克…11千卡
香菜10克…3千卡
合计424千卡

主料

新鲜鸡胸肉300克

辅料

香菜2根（约10克）｜青椒1个（约50克）
红椒1个（约50克）｜姜2片｜葱白2段
料酒1茶匙｜小米辣椒2个｜鲜酱油或生抽2
汤匙｜醋30毫升｜蒜头4～6瓣｜蚝油半茶匙
鸡精1克｜白糖2克｜香油半茶匙

营养贴士

青红椒富含维生素C，鸡肉低脂高蛋白，两者搭配营养
丰富、颜色艳丽，是一道夏日爽口凉菜。

做法

1　先将新鲜鸡肉中多余的肥肉去除，洗净放入锅中，加入超过鸡肉2厘米的清水。

2　放入料酒、姜片、葱白，大火煮沸，再转小火焖5～10分钟。

3　将煮熟的鸡肉捞出，让它自然晾凉。

4　小米辣椒洗净，切成圈。香菜洗净，切成小段。青椒、红椒分别洗净、去蒂，横刀切成两半，然后平放，顺着切丝。

5　鸡肉放凉后，装入保鲜袋，用擀面杖敲松，然后手撕成条。

6　蒜压成蒜泥，放入鲜酱油或生抽、醋、白糖、蚝油、鸡精、香油、小米辣椒调成味汁。

7　把切好的香菜、青椒丝、红椒丝和鸡肉丝混合，淋入刚刚调制好的味汁拌匀即可。

烹饪秘籍

1 用擀面杖敲打鸡肉，会使鸡肉松散，口感不柴。
2 如果加入黄色的甜椒，颜色会更好看。

众所周知，鸡胸肉是低热量食物。对于无肉不欢的我们，来一次大口吃肉的享受吧。

给你点颜色
彩虹沙拉

🕐 20分钟　🔥 简单

主料

龙利鱼200克｜紫甘蓝50克｜圣女果100克
青豆30克｜玉米粒30克

辅料

橄榄油1汤匙｜苹果醋1汤匙｜黄芥末1茶匙
白糖1茶匙｜柠檬汁适量｜盐少许
黑胡椒粉半茶匙

参考热量表

龙利鱼200克…134千卡
紫甘蓝50克…13千卡
圣女果100克…25千卡
青豆30克…119千卡
玉米粒30克…93千卡
合计384千卡

做法

1 将橄榄油、苹果醋、黄芥末、白糖、盐放入碗中，调制成调味汁待用。

2 龙利鱼洗净，切成2厘米见方的小块，用厨房用纸吸干水分。

3 紫甘蓝切丝；圣女果对半切开；青豆和玉米粒放入沸水中煮熟，捞出备用。

4 中小火将不粘锅加热，放入切好的龙利鱼，两面煎至金黄，盛出备用。

5 将紫甘蓝、圣女果、青豆、玉米粒和煎好的龙利鱼放入容器内拌匀。

6 将调味汁均匀淋在菜品上，然后挤上适量的柠檬汁和撒上黑胡椒粉即可。

> 烹饪秘籍
>
> 可按自己喜欢的蔬果来随意添加食材，可令菜品富于变化、不单调。

新鲜的蔬菜水果能带来健康，随心所欲的色彩搭配让人心情愉悦。一款自制沙拉，开启美好的一天。

三文鱼藜麦沙拉

🕐 20分钟　　🔥 简单

参考热量表

三文鱼200克…278千卡
藜麦150克…552千卡
苦菊菜50克…43千卡
牛油果100克…161千卡
圣女果20克…5千卡
合计1039千卡

主料

藜麦150克
三文鱼200克

辅料

苦菊菜50克｜圣女果5颗（约20克）
牛油果1个（约100克）｜黑胡椒粉半茶匙
柠檬1个｜盐少许｜橄榄油半茶匙

做法

1 将藜麦放入锅中，加入没过藜麦3厘米左右的清水。

2 中火煮10～15分钟，再焖5分钟即可盛出。

3 牛油果去皮、去核，切成片。苦苣和圣女果洗净，圣女果对半切开，苦菊菜切成小段备用。

4 三文鱼切成2厘米见方的小块。

5 中火将锅加热，放入橄榄油。将三文鱼放入锅中，煎至两面金黄，盛出备用。

6 将牛油果、圣女果、苦菊菜装入容器内，加黑胡椒粉、盐搅拌均匀。

7 放入藜麦，与牛油果、圣女果、苦苣菜一起搅拌均匀。

8 再放入煎好的三文鱼；柠檬对半切开，挤出柠檬汁淋上即可。

烹饪秘籍

1 煎三文鱼的时间不宜过久，否则会影响口感。
2 最好选择橄榄油，其在高温时化学结构仍能保持稳定，非常适合煎炸，用它烹饪，食物会散发出诱人的香味。

藜麦是较受欢迎的新兴食材，不仅绿色健康还减肥瘦身，可以替代经常食用的小麦粉、大米作为主食。

口味清香还不咸

低盐版酱牛肉

🕐 60分钟　　🔥 简单

主料

新鲜牛腱子肉800克

辅料

姜20克｜冰糖30克
老抽半汤匙｜生抽2汤匙
葱1根｜八角1个
桂皮5克｜香叶2片
花椒2克

参考热量表

牛腱子肉800克⋯876千卡
姜20克⋯9千卡
冰糖30克⋯119千卡
合计1004千卡

做法

1 牛腱子肉用清水洗净，放入锅内，加入冷水，没过肉2厘米左右。

2 大火烧开，煮5分钟后，撇净血沫，捞出备用。

3 电高压锅内加入热水、老抽、生抽、姜、葱、冰糖、桂皮、八角、香叶、花椒，调制卤汁。

4 将牛腱子肉放入高压锅内，调到炖肉挡，炖30～40分钟。

5 待高压锅冷却下来，用筷子能轻松穿透牛腱子肉，就可盛出。

烹饪秘籍

1 最好先用清水将肉浸泡1小时左右，这样能泡出肉中的血水。

2 炖肉时放入热水可以使肉质软烂，锁住肉的鲜美。

3 吃不完的牛腱子肉可以放入保鲜盒内，入冰箱冷藏。

4 用电高压锅比较省时省力，不用关注火候大小。

5 加热水的量不用太多，没过肉即可。

卤菜一定要够味才好吃，但是太咸会给肾脏造成负担。所以我们做一款散发着肉香还不会很咸的酱牛肉吧。

会弹牙的丸子
自制牛肉丸

🕐 50～60分钟　　🔥 简单

参考热量表

牛腿肉800克…848千卡
玉米淀粉25克…87千卡
鸡蛋50克…72千卡
合计1007千卡

主料

牛腿肉800克

辅料

鸡蛋1个（约50克）｜玉米淀粉25克
盐1茶匙｜花椒水3汤匙｜食用油2茶匙
黑胡椒粉半茶匙

做法

1　去掉肉质上的筋膜，将牛肉洗净，切成小块。

2　将牛肉放入料理机，搅拌成肉糜状态。

3　肉糜盛入碗中，加入盐、一半花椒水，用筷子顺时针沿一个方向快速搅拌约5分钟，至筷子插入肉糜中成笔直竖立状态即可。

4　待牛肉纤维吸收水分后，将剩下的花椒水、鸡蛋液、黑胡椒粉、玉米淀粉加入肉糜中。

5　顺时针继续快速搅拌5～10分钟，再加入食用油打匀。

6　锅内加适量清水，烧到70～80℃，用手抓出肉糜，挤出丸子，或用勺子挖出丸子的形状，放入锅内。

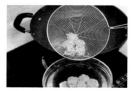

7　煮三四分钟，至丸子浮在水面上时就可以捞出，放入冰水即可。

── 烹饪秘籍 ──

1 肉糜加花椒水时，要分次加入，这样肉里才会保留水分，软嫩不老。
2 煮丸子时，水不要沸腾，保持在70～80℃就好。水沸腾时会将下入的丸子冲散。
3 冰水会令煮好的丸子迅速紧缩，从而呈现爽滑弹牙的口感。

自己动手做的牛肉丸弹牙低脂、口感嫩滑，
而且易消化，富含高质量的蛋白质。

懒人烤牛排

🕐 30分钟　　🔥 简单

主料

新鲜牛排500克

辅料

洋葱半个（约10克）| 料酒1汤匙
蚝油2茶匙 | 黑胡椒粉1茶匙 | 盐少许
油半茶匙

参考热量表

牛排500克…535千卡
洋葱10克…4千卡
合计539千卡

做法

1　洋葱去掉外皮，洗净，放在砧板上，对半切开，再以"井"字形状切成丁备用。

2　新鲜牛排洗净，用厨房用纸吸干水分。用擀面杖或者刀背轻轻敲打牛排约1分钟，使牛排肉质松软。

3　将牛排放入容器内，加入料酒、蚝油、黑胡椒粉、盐和洋葱丁，腌制10～15分钟。

4　将半茶匙的油加入牛排中，在牛排表面涂抹均匀。

5　烤箱200℃预热2分钟，将锡纸平铺在烤盘上，放入腌好的牛排。

6　将烤盘放入烤箱中层，200℃加热10～15分钟，至牛排表面焦黄即可。

烹饪秘籍

1 没时间腌制，可以在超市买腌制好的牛排。

2 如果买的是牛里脊，可以让售货员帮忙切成1厘米厚的片。

3 如果喜欢吃厚牛排，可以根据自己的烤箱温度来调节烤制时间。

牛排通常要油煎才会好吃，可这种做法热量较高，又较费时间。学学这道烤牛排，少油低脂又简单快捷。

魅力无法阻挡

番茄南瓜牛腩煲

⏱ 50分钟　🔥 简单

主料

新鲜牛腩500克 | 番茄1个（约80克）
南瓜100克

参考热量表

牛腩500克…1660千卡
番茄80克…12千卡
南瓜100克…23千卡
合计1695千卡

辅料

姜3片 | 大葱1根 | 八角1个 | 盐半茶匙
桂皮2克 | 料酒2茶匙 | 油2茶匙

做法

1　牛腩洗净，切成2厘米见方的块。

2　番茄和南瓜分别洗净，切成小块，装盘备用。大葱切段，装盘备用。

3　牛腩放入锅内，加入适量冷水和料酒，大火加热四五分钟后煮沸，撇除血沫，捞出备用。

4　锅内加油，大火烧热。当油微微泛起白烟时，加入葱段、八角、桂皮、姜片爆香。

5　放入番茄块炒制两三分钟，使番茄软烂。

6　放入煮好的牛腩，加温水400毫升，大火煮开后转小火炖20~30分钟。

7　把南瓜也放入锅中继续炖煮10~15分钟。

8　当用筷子能很轻松地插透牛腩，南瓜也比较软烂了，大火收汁，加盐调味即可出锅。

烹饪秘籍

1　牛腩可以选择比较瘦一点的，这样能减少油脂的摄入。

2　在炖煮过程中要不时搅拌一下，避免煳锅。

酸甜的番茄，软糯的牛腩，香甜的南瓜，搭配得恰到好处，老少皆宜。而且番茄、南瓜、牛腩中都含有对人体有益的多种营养元素。

好吃到无敌

五彩小炒牛肉

🕐 30分钟　🔥 中等

主料

牛肉300克

辅料

细芹菜150克 | 黄洋葱15克 | 青辣椒1个（约10克）
红辣椒1个（约10克） | 料酒1茶匙
蚝油1汤匙 | 生抽2茶匙 | 大蒜4瓣
黑胡椒粉1茶匙 | 姜4片 | 淀粉半茶匙
盐少许 | 油2茶匙

参考热量表

牛肉300克…318千卡
细芹菜150克…20千卡
洋葱15克…6千卡
青椒10克…2千卡
红椒10克…2千卡
合计348千卡

做法

1 牛肉洗净，切成薄片，放入碗中，加入1茶匙蚝油、1茶匙生抽、半茶匙黑胡椒粉、半茶匙淀粉，拌匀，腌制15分钟。

2 细芹菜洗净，切成3厘米左右的段；洋葱、青椒、红椒分别切丝。

3 油倒入不粘锅内，大火烧热，放入大蒜、姜片炒出香味，然后加入腌好的牛肉。

4 待牛肉变色，加入料酒翻炒1分钟，再加入洋葱丝和西芹进行翻炒。

5 当洋葱变软，加入2茶匙蚝油、1茶匙生抽、半茶匙黑胡椒粉翻炒。

6 将青椒、红椒加入锅中配色，加盐调味，即可出锅。

烹饪秘籍

1 选择牛里脊、外脊或上脑肉，肉质比较嫩，好熟。
2 淀粉的加入可以使调味料更好地包裹在牛肉上。

这道菜的颜色让人赏心悦目，嫩滑的牛肉爽口弹牙，让人忍不住多吃两口米饭。牛肉高蛋白低脂肪，不容易发胖，加上适量的蔬菜，营养素一应俱全。

卷出来的健康
苏子叶鸡肉卷

🕐 10分钟　🔥 简单

主料

新鲜鸡胸肉400克

辅料

大蒜100克 ｜ 新鲜苏子叶200克 ｜ 椒盐2克
油1汤匙

参考热量表

鸡胸肉400克···532千卡
苏子叶200克···60千卡
大蒜100克···128千卡
合计720千卡

营养贴士

苏子叶清凉爽口，并且富含膳食纤维，对促进肠道蠕动很有帮助。

做法

1 新鲜鸡肉洗净，去除看得见的多余肥肉，然后将鸡胸肉斜刀切成薄片。

2 将新鲜苏子叶洗净备用。

3 大蒜剥皮、切片备用。

4 不粘锅加热，放底油，将鸡胸肉煎至两面金黄后装盘备用。

5 苏子叶平铺盘内，加入刚刚煎好的鸡胸肉。

6 放入蒜片和少许椒盐，用苏子叶包裹即食。

烹饪秘籍

1 鸡胸肉要切得薄厚均匀，加热的时候才会受热均匀。
2 可以用"帕玛喷锅油"在锅内喷一下，方便控制油量。
3 如果怕吃蒜有"味道"，可以换成青辣椒圈。

夏天到了，满大街都是烧烤，我们既想吃又怕胖怎么办呢？来做一款简单好上手的鸡肉卷吧，能解馋还不用担心长胖。

越嚼越上瘾

香菇掌中宝

🕐 10分钟　　🔥 简单

主料

掌中宝250克

辅料

新鲜香菇400克 | 芦笋110克 | 蚝油2茶匙
红色小米辣椒2个 | 盐半茶匙

参考热量表

掌中宝250克…690千卡
香菇400克…104千卡
芦笋110克…24千卡
合计818千卡

营养贴士

鸡脆骨含有丰富的钙质，可增加骨密度。此外"掌中宝"还含有胶原蛋白，具有延缓衰老、美容的作用。

做法

1 掌中宝洗净，沥干水分。

2 红色小米辣椒切成圈备用。

3 香菇洗净、去蒂，伞面朝上，按照"井"字形状切成小丁。

4 芦笋洗净，焯水一两分钟后捞出，用冷水过凉。

5 将过凉的芦笋整理好，切成小段备用。

6 中小火加热炒锅，放入掌中宝煸炒至两面焦黄，加入香菇。

7 待香菇煸炒三四分钟至熟软后，加入蚝油、盐再炒1分钟。

8 放入芦笋段继续翻炒30秒，然后撒上小米辣椒配色即可出锅。

烹饪秘籍

掌中宝自身就会有一些油脂，要用中小火将多余油脂煸炒出来。

吃够了鸡胸肉，也要适当换一点其他食材，例如"掌中宝"。"掌中宝"就是鸡爪中间的脆骨，嚼上一口嘎嘣脆，越吃越上瘾。

奥尔良鸡腿肉烤土豆

🕐 30分钟　　🔥 简单

主料

新鲜去骨去皮鸡腿肉400克 | 土豆250克

辅料

奥尔良调料35克 | 孜然10克 | 芝麻5克
蒜50克 | 橄榄油1茶匙

参考热量表

鸡腿肉400克…724千卡
土豆250克…203千卡
奥尔良调料35克…116千卡
孜然10克…16千卡
芝麻5克…27千卡
合计1086千卡

营养贴士

肉食与蔬菜一起做，荤素搭配，蛋白质和碳水化合物充足，特别符合要保持体形和减脂的朋友们的需要。

做法

1 将去皮去骨的鸡腿肉洗净，控干水分，切成2厘米见方的小块，装入容器备用。

2 土豆去皮，洗净，切成小块备用。

3 蒜瓣一分为二，放入鸡腿肉里，放入奥尔良调料，搅拌均匀，腌制1小时。

4 将烤盘铺上锡纸，土豆平铺在烤盘上，加入橄榄油拌匀。

5 将腌制好的鸡腿肉平铺在土豆上，撒上孜然、芝麻。

6 烤箱220℃预热2分钟，将烤盘放入中层，烤制15分钟。

7 烘烤15分钟后，将土豆和鸡肉翻面，再烘烤10~15分钟至两面金黄即可。

烹饪秘籍

如果没有蒜，换成洋葱也可以。喜欢吃奶酪的也可以在快出炉的时候加入低脂奶酪。也可以加入小番茄进行点缀。烤制时翻面可以使鸡腿肉口感不干不柴。

要用**最简单的方法**做出**最好吃的东西**，过程不繁琐、易操作，而且超级美味。

时蔬鸡肉饼

🕐 15分钟　🔥 简单

主料

新鲜鸡胸肉400克

辅料

鸡蛋1个（约50克）｜豌豆60克
新鲜玉米粒60克｜胡萝卜粒50克
料酒1茶匙｜淀粉20克｜盐2克 黑胡椒粉3克

参考热量表

鸡胸肉400克…532千卡
胡萝卜50克…20千卡
玉米粒60克…67千卡
豌豆粒60克…67千卡
鸡蛋50克…72千卡
合计758千卡

营养贴士

这一款加入了胡萝卜、玉米、豌豆，既有了碳水化合物和膳食纤维，也有了蛋白质。再搭配一些水果和低脂牛奶，便是一顿营养丰富又饱腹的早餐。

做法

1 先将豌豆粒、新鲜玉米粒、胡萝卜粒焯水1分钟后过凉。

2 将新鲜鸡肉洗净，剁成肉末。

3 将鸡肉末放入容器内，加入料酒、黑胡椒粉、盐，顺时针搅拌匀，腌制2分钟。

4 在腌好的鸡肉中加入鸡蛋、豌豆粒、玉米粒、胡萝卜粒、淀粉拌匀。

5 将拌好的鸡肉馅在手掌中搓成球，然后压成直径6厘米、大小均匀的肉饼。

6 不粘锅加热，把肉饼下锅，转小火煎三四分钟，至两面金黄成熟，装盘即可。

烹饪秘籍

1 加入淀粉可以增加黏性，并且会锁住鸡肉里的水分，使口感更好。
2 煎时不要放油，这样可以减少油脂的摄入、降低热量，但要使用不粘锅，小火慢煎，使其均匀受热、成熟，避免大火煳锅。

鸡肉油脂含量少，制作过程全程无油，低碳水化合物、高蛋白，适合要保持身材又要减脂的朋友们。

有菜有肉，健康少油
白菜煲鸡腿

🕐 60分钟　🔥 中等

主料

新鲜去皮鸡腿2个（约300克）

辅料

泡发好的白菜干100克 | 红枣4颗 | 蜜枣2颗
料酒1茶匙 | 姜2片 | 盐3克

参考热量表

白菜干100克…40千卡
鸡腿肉300克…543千卡
合计583千卡

做法

1 将新鲜鸡腿洗净，去除多余油脂，然后剁成5厘米左右的块。

2 将泡发好的白菜干切成5厘米左右的段备用。

3 锅内加适量冷水、料酒、姜片，放入剁好的鸡腿，中小火煮开，焯去血沫和腥味。

4 另起锅，加清水没过鸡腿四五厘米，加入泡发好的白菜干、红枣、蜜枣。

5 大火煮开10～15分钟后，转中小火继续煲30～40分钟。

6 出锅后加盐调味即可。

烹饪秘籍

1 泡发白菜干时，用清水没过白菜干三四厘米即可。

2 白菜干一定要隔夜泡发，仔细清洗多遍。清洗时要把水分挤出来再洗，反复多次，不然煲的汤会有涩味。

天气寒冷时，我们特别想喝一款暖心暖胃的煲汤，可是又怕油脂多，那么就做一款健康少油的。干菜会吸收一部分油脂，鸡肉本身就去了皮和多余油脂，所以不用担心摄入多余的脂肪。

🥕 加入不同的食材就会给你不同的口感，这道番茄烤鸡腿会带给你不一样的惊喜味道。

参考热量表

鸡腿500克…905千卡
番茄200克…30千卡
合计935千卡

奢华诱人的鸡腿餐
番茄烤鸡腿

🕐 120分钟　🔥 中等

主料

鸡腿4个（约500克）
番茄3个（约200克）

辅料

大蒜20～30瓣（约100克）
罗勒碎1茶匙｜黑胡椒粉1茶匙
油1茶匙｜盐1茶匙

做法

1 鸡腿洗净，控干水分，加入适量盐、黑胡椒粉、罗勒碎，腌制30分钟。

2 番茄洗净，切成小块，放入烤盘底部。

3 将鸡腿平铺在番茄表面，表皮抹上油，把蒜瓣均匀码入烤盘内。

4 烤箱200℃预热5分钟，将烤盘放入中层，上下火烤60分钟左右。

5 见鸡腿表皮金黄，筷子能轻易穿透鸡腿肉就可以了。

烹饪秘籍

1 要想鸡腿更入味，可以在鸡腿表面划几刀再腌制。
2 不要把番茄放在鸡腿表面，否则番茄渗出的水分会影响鸡腿的美观。
3 因烤箱品牌不同，烤制的时间和温度要自己注意调节。

虾最简单的做法莫过于此了，准备多一点海盐，加热后把虾焖在里面，变红就可以出锅了，又香又嫩，原汁原味。

鲜香脆嫩

盐焗虾

🕐 30分钟　　🔥 简单

主料

鲜虾300克｜海盐300克

辅料

白酒2汤匙｜花椒粒5克

烹饪秘籍

1 尽量选取新鲜的虾，烹饪出来的口感有韧性。
2 一定要把虾的水分吸干再进行烹饪，否则影响口感。

参考热量表

鲜虾300克…271千卡
海盐300克…33千卡
合计304千卡

做法

1 鲜虾洗净，去沙线，加白酒和花椒粒拌匀，静置10分钟，去除部分腥味。

2 用厨房纸吸干鲜虾表层的水分待用。

3 珐琅锅加热，倒入海盐，中火炒拌7分钟，用木铲将海盐在锅内平摊。

4 随后摆入处理好的鲜虾，盖好锅盖，小火继续焗5分钟，虾身变色即可。

给虾变个样

蒜蓉开背虾

🕐 15分钟　　🔥 简单

主料

新鲜海白虾500克

辅料

大蒜20~30瓣（约100克）｜红椒半个（约20克）
生抽2茶匙｜盐半茶匙｜油2汤匙

参考热量表

海白虾500克…452千卡
大蒜100克…128千卡
红椒20克…4千卡
合计584千卡

做法

1　用剪刀剪去虾须和虾脚，然后从虾头的中间剪到尾部，去除虾线，洗净摆盘。

2　剥好的蒜切成蒜末，红椒切成小丁，装入碗中，加盐和生抽拌匀成碗汁。

3　中火将锅烧热，加入油，待油微微冒烟时，将油倒入碗汁中，成为蒜蓉调味汁。

4　在每只虾背部的开口处，分别填满蒜蓉调味汁。

5　蒸锅内加适量清水，大火烧开后放入摆好盘的虾，大火继续蒸6分钟即可。

— 烹饪秘籍 —

1 开虾背时，剪到尾部即可，如果剪断了就不好看了。

2 虾的头部有根很坚硬的刺，处理时注意避免被扎伤。

虾肉比较清甜，不管怎么做，都会带给你惊艳的味道。它不仅是蛋白质很好的来源，热量也非常低，特别适合减脂健身人士经常食用。

降火不油腻

虾蓉酿丝瓜

🕐 30分钟　　🔥 简单

主料

嫩丝瓜1根（约150克）
新鲜海白虾（约200克）

参考热量表

丝瓜150克…30千卡
海白虾200克…180千卡
蚝油5毫升…6千卡
合计216千卡

辅料

蚝油1茶匙 | 生抽1茶匙 | 盐少许
黑胡椒粉半茶匙

做法

1　嫩丝瓜去皮，洗净，切成4厘米的段。

2　将海白虾的虾头、虾皮和虾线去掉，洗净，剁成虾蓉。

3　虾蓉装入碗中，加盐和黑胡椒粉，搅拌均匀，腌制10分钟。

4　用勺子在切好的丝瓜中间挖出一个小坑，将虾蓉装入丝瓜盅里。

5　蒸锅内加适量清水，大火烧开，放入摆好盘的虾蓉酿。

6　大火蒸5分钟，出锅，淋上蚝油和生抽调味即可。

─ 烹饪秘籍 ─

1 挖丝瓜盅时，另一端不要挖穿，否则夹菜时会露底。
2 虾不用剁太碎，有一些颗粒可以使口感更丰富。

丝瓜清凉降火，还有补水养颜、抗衰老的功效。这款菜品不仅清淡清香，制作起来也是非常简便的。

清淡又漂亮
杂蔬炒虾仁

🕐 20分钟　🔥 简单

主料

虾仁300克 | 胡萝卜30克 | 玉米粒30克
青豆30克

辅料

盐半茶匙 | 料酒2茶匙 | 油2汤匙

参考热量表

虾仁300克…144千卡
胡萝卜30克…10千卡
玉米粒30克…20千卡
青豆30克…119千卡
合计293千卡

做法

1 虾仁去虾线，洗净，放入碗中，加入料酒腌制10分钟。

2 胡萝卜洗净，切成丁；玉米粒和青豆洗净备用。

3 大火将锅加热，加入1汤匙油，待有微弱青烟冒起，加入虾仁炒至变色，盛出备用。

4 剩下的油倒入锅中，油微热时加入胡萝卜、玉米粒和青豆，炒一两分钟至断生。

5 然后将炒好的虾仁放入锅中，继续翻炒至熟透，加盐调味，即可出锅。

--- 烹饪秘籍 ---

1 也可以按照自己的喜好选择时蔬。
2 虾肉比较容易熟，不用炒很久。

虾仁易消化好吸收，时蔬的加入能增添色彩，让人产生食欲。这道菜营养丰富，热量较低，口味清淡，咸鲜适口。

满口鲜香
虾仁烩豆腐

🕐 20分钟　　🔥 简单

主料

速冻虾仁100克｜南豆腐1块（约360克）

辅料

蚝油2汤匙｜水淀粉1汤匙｜盐2克
料酒10毫升｜黑胡椒粉2克｜油适量

参考热量表

虾仁100克…48千卡
南豆腐360克…313千卡
水淀粉15毫升…10千卡
蚝油30毫升…35千卡
合计405千卡

做法

1　虾仁解冻，对半切开，放入容器内，加入料酒、黑胡椒粉腌制。

2　豆腐切成2厘米左右见方的小块。

3　锅内烧沸水，将豆腐放入焯水2分钟，捞出控干水分。

4　炒锅内加入底油，放入虾仁炒至变色。

5　放入豆腐，加蚝油翻炒30秒，加清水100毫升，中火炖三四分钟。

6　加入水淀粉，大火收至汤汁浓稠，加盐调味即可。

烹饪秘籍

南豆腐焯水可以去掉豆腥味，没有南豆腐，换成嫩豆腐也可以。

虾仁鲜嫩，豆腐爽滑。虾仁和豆腐都可以补充钙质，且低脂低热量。

好吃的下饭菜
香菇酿虾丸

🕐 30分钟　🔥 简单

主料

虾仁200克 | 香菇8朵（约150克）

辅料

藕1小段（约10克）| 盐1茶匙
水淀粉少许 | 料酒2茶匙 | 白胡椒粉1茶匙

参考热量表

虾仁200克…96千卡
藕10克…5千卡
香菇150克…39千卡
合计140千卡

做法

1 虾仁去除虾线，洗净，剁成虾蓉，放入碗中，加入料酒、白胡椒、盐腌制。

2 藕洗净，削皮，切成小丁，然后剁碎（越碎越好），放入虾蓉中，顺时针搅拌均匀。

3 香菇洗净，去柄，菌伞朝上，将腌制好的虾蓉嵌入香菇内，摆入盘中。

4 蒸锅加适量清水烧开，将香菇酿虾放入蒸锅中，大火蒸制6~8分钟。

5 取出后，盘底会有很多汤汁，倒入炒锅，中火加热。

6 将水淀粉淋入锅中，使汤汁浓稠后，再加少许盐调味，淋到蒸好的香菇酿虾丸上即可。

烹饪秘籍

1 一点点水淀粉就可以，不需要多，起到使汤汁浓稠的作用即可。

2 藕的加入是起到提升口感的作用，没有藕也可以放入荸荠。

鲜香的味道弥漫，让人食欲大开。这道菜热量不高，还能带来丰富的蛋白质和维生素，荤素搭配，可谓一举两得。

没有刺的鱼
意式香料龙利鱼

🕐 50分钟　🔥 简单

主料

龙利鱼500克

参考热量表

龙利鱼500克···335千卡
橄榄油20毫升···188千卡
柠檬100克···37千卡
意大利综合香料10克···15千卡
合计575千卡

辅料

柠檬1个（约100克）｜意大利综合香料2茶匙
黑胡椒粉半茶匙｜蚝油1汤匙｜盐2克
橄榄油4茶匙

做法

1　龙利鱼解冻，用流水冲一下，用厨房用纸吸干表面水分。

2　烤盘上铺上锡纸，锡纸上刷橄榄油，将龙利鱼平铺在锡纸上。

3　将意大利综合香料、黑胡椒粉、蚝油、盐均匀涂抹在龙利鱼上，轻轻按摩，腌制30分钟以上。

4　柠檬洗净、切片，平铺在龙利鱼身上。

5　烤箱200℃预热2分钟，放入中层，烤制20分钟即可。

烹饪秘籍

1 如果有多余的柠檬，可以在装盘的时候再淋点柠檬汁，味道会更鲜美。
2 解冻的龙利鱼如果不吸干水分会影响口感，烤制时长也会增加。
3 意大利综合香料在网上或者超市都可以买到。

有些人吃鱼不会挑刺，可以选择龙利鱼。没有刺，价格又不贵，肉质比较嫩，易消化，特别适合老人和儿童。

总想再来一口

番茄龙利鱼

🕐 30分钟　🔥 简单

主料

龙利鱼1条（约400克）
番茄3个（约200克）

参考热量表

龙利鱼400克…268千卡
番茄200克…30千卡
番茄酱15克…12千卡
合计310千卡

辅料

番茄酱1汤匙｜料酒1茶匙｜白糖1茶匙
盐半茶匙｜水淀粉2茶匙｜黑胡椒粉半茶匙
油1汤匙

做法

1　龙利鱼解冻后，用流水冲洗干净，用厨房用纸吸干表面水分。

2　将龙利鱼切成2厘米左右见方的块，放入碗中，加黑胡椒粉、料酒，腌制10分钟。

3　锅内加适量清水烧开，放入鱼肉氽烫2分钟，使鱼肉定形。

4　番茄表面划十字刀，放入沸水锅中氽烫20秒左右，捞出，去皮，切成小块备用。

5　大火将锅内水分烧干，加入油。待油微微冒白烟时，转中火，放入番茄丁翻炒。

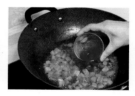

6　将番茄炒软烂，当番茄颜色有点变淡时，加入番茄酱和白糖，继续翻炒1分钟左右。

7　将500毫升温水倒入锅内烧开，然后放入龙利鱼。

8　中火炖煮5分钟左右，加入水淀粉，收汁，最后加盐调味即可。

烹饪秘籍

用一根筷子插在番茄的底部，然后在火上烤一下，也可以起到快速去皮的作用。

龙利鱼含有丰富的蛋白质，并且久煮不烂。加上番茄，汤汁浓郁酸甜。没有鱼鳞和刺，操作也非常简便。

新鲜食材才美味
清蒸鲈鱼

🕐 30分钟　　🔥 简单

主料

新鲜鲈鱼1条（约600克）

辅料

蒸鱼豉油2汤匙｜姜30克｜香菜2根（约5克）
小嫩葱6根｜料酒2茶匙｜油2汤匙｜盐1茶匙

参考热量表

海鲈鱼600克…630千卡
蒸鱼豉油30毫升…70千卡
姜30克…14千卡
香菜5克…2千卡
合计716千卡

做法

1 小嫩葱和姜分成两份，一部分切成丝，另一部分切成姜片和葱段。香菜洗净，切成段。

2 新鲜鲈鱼用流水洗净，斜刀在鱼身两面各划三四刀。

3 把鱼放入盘子，将料酒和盐均匀涂抹在鱼身上。再加入姜片、葱段，腌制20分钟左右。

4 蒸锅内加入适量清水，大火烧开，放入鱼盘。大火蒸8分钟关火，掀开锅盖五六秒后再盖上锅盖，闷2分钟。

5 将盘子里的葱、姜挑出，小心地将盘子里的汤汁倒入一个小碗内。

6 在小碗内加入蒸鱼豉油拌匀，淋到鱼身上。把剩余的姜丝、葱丝、香菜平铺码放在鱼身上。

7 另起锅，锅内加入油，大火加热1分钟。

8 将热油均匀淋在蒸好的鱼身上即可。

烹饪秘籍

1 掀开锅盖是让蒸好的鱼与外界的冷空气接触一下，会使肉质更加紧致。
2 如果没有蒸鱼豉油，用鲜酱油或者生抽代替也可以。

我们常吃的海鲈鱼价格非常亲民，并且吃多了也不用担心长胖，其脂肪含量低，蛋白质也特别容易被消化吸收，适合健身及减脂的人士长期食用。

带鱼价格中等，是家庭餐桌上比较常见的海产品。带鱼富含优质蛋白质、多种维生素和矿物质，能促进脑部发育和预防阿尔茨海默症，特别适合儿童和老年人食用。

鲜香酥嫩

香煎带鱼

🕐 30分钟　　🔥 简单

参考热量表

带鱼200克…254千卡
油15毫升…135千卡
合计389千卡

主料

带鱼200克

辅料

面粉适量｜葱1段
姜4片｜料酒2茶匙
油1汤匙

— 烹饪秘籍 —

煎鱼的时候不要着急翻面，避免还未定形的鱼肉散开。

做法

1　带鱼去头、去尾，洗净内脏，切成5厘米左右的段备用。

2　葱、姜切成细丝；将葱姜丝和料酒加入带鱼段中，腌制20分钟。

3　带鱼去掉葱姜丝，将腌好的带鱼均匀裹上一层面粉。

4　中小火将不粘锅加热，倒入油，放入带鱼煎成两面金黄即可。

有"海底牛奶"美称的牡蛎，不仅味道鲜美，还有提高免疫力、滋养容颜等功效。它有很丰富的蛋白质，热量也非常低。搭配豆腐，既保持了鲜美，又增添了绵密的口感。

鲜美的滋味
牡蛎烧豆腐

🕐 20分钟　　🔥 简单

主料
牡蛎300克
南豆腐200克

辅料
盐半茶匙｜水淀粉适量
姜2片｜浓汤宝1块（约100克）

参考热量表
牡蛎300克…219千卡
南豆腐200克…174千卡
浓汤宝100克…171千卡
合计564千卡

做法

1 牡蛎洗净泥沙备用。

2 豆腐切成小方块，放入锅中，加入清水300毫升和浓汤宝，大火烧开。

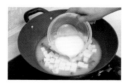

3 加入姜片和牡蛎，大火烧3分钟左右，淋上一层薄薄的水淀粉使汤汁浓郁，加盐调味即可出锅。

烹饪秘籍

1 牡蛎一定要新鲜，不然会中毒。
2 要反复仔细清洗牡蛎，洗不干净泥沙会影响口感。
3 浓汤宝有点咸，要少加一些，不喜欢也可不加。

怎么吃都不过瘾
蒜香花甲

🕐 15分钟　🔥 简单

主料

花甲500克

辅料

大蒜20瓣（约50克）｜蚝油1汤匙｜姜2片
料酒1茶匙｜盐半茶匙｜干红辣椒6个
白糖1茶匙｜油2汤匙｜水淀粉适量

参考热量表

花甲500克…225千卡
油30毫升…270千卡
蚝油15毫升…18千卡
大蒜50克…64千卡
白糖5克…20千卡
合计597千卡

做法

1 花甲放入锅中，加入适量清水，大火煮到花甲都开口，盛出沥水备用。

2 大蒜切成蒜末，干红辣椒切成段，姜切成姜丝。

3 炒锅倒油，大火加热，油温升高后，加入蒜末、姜丝、红辣椒爆香。

4 然后加入蚝油、白糖炒制成调味汁，再加入花甲，继续翻炒。

5 锅中倒入料酒，加入小半碗水翻炒均匀，盖上锅盖，大火烧三四分钟。

6 淋入水淀粉，使汤汁浓稠后加盐调味，即可盛出。

烹饪秘籍

1 买回来的花甲要提前吐沙，可在吐沙的容器里加入一些盐促进花甲吐沙。

2 水淀粉的加入可以使汤汁浓稠，能使每一个花甲都裹上汤汁。

煮好的花甲味道比较清甜，放入油锅爆炒，汤汁满满裹在花甲上，当吸吮着一个个肥美的花甲，那种感觉不言而喻。

菠菜奶酪厚蛋烧

🕐 10分钟　　🔥 简单

主料

鸡蛋4个（约200克）| 奶酪20克 | 菠菜250克

辅料

盐1克 | 切片火腿2片（约50克）
油少许 | 番茄酱少许

参考热量表

鸡蛋200克…288千卡
奶酪20克…66千卡
菠菜250克…70千卡
切片火腿50克…105千卡
合计529千卡

做法

1　菠菜洗净，焯水1分钟，捞出，切成菠菜末。

2　切片火腿切成小丁，奶酪切成小丁，分别装盘备用。鸡蛋打散，加入10毫升温水，继续搅拌均匀。

3　将切碎的菠菜末、火腿丁、盐加入蛋液中，搅拌均匀备用。

4　小火加热不粘锅，锅内放入底油，加入1/3的蛋液慢慢煎。待蛋皮快凝固时，撒上一层奶酪丁，然后从右边将蛋皮慢慢卷起，推到左边。

5　在右边淋入一层底油，倒入1/3蛋液。待蛋皮快要凝固时，再撒上奶酪丁。按以上步骤将剩余的蛋液做完。

6　将卷好的厚蛋烧切块装盘，淋上一点番茄酱装饰即可。

烹饪秘籍

1　可以用专门做厚蛋烧的锅，网上就可以购买到。
2　煎制过程中一定要用小火，避免受热不均匀。卷蛋皮时要借助木铲等工具，方便卷起，避免烫伤。

做一款健康快捷的早餐，营养丰富，让一整天元气满满、活力四射。

黄瓜炒鸡蛋

🕐 10分钟　　🔥 简单

主料

黄瓜1根（约80克）│鸡蛋2个（约100克）

辅料

盐半茶匙│油1汤匙

参考热量表

黄瓜80克…14千卡
鸡蛋100克…144千卡
合计158千卡

做法

1　黄瓜洗净，斜刀切成0.5厘米左右的薄片备用。

2　鸡蛋磕入碗中，搅匀打散。

3　中火将锅加热，加入半汤匙的油。待油微热时倒入蛋液。

4　见蛋液凝固，用筷子将鸡蛋划散，煸熟后盛出。

5　中火将锅加热，倒入剩下的半汤匙油。

6　油温微热时，加入黄瓜片，煸炒至黄瓜翠绿，加入炒好的鸡蛋，加盐调味即可。

烹饪秘籍

黄瓜煸炒的时间不宜过长，否则其中的多种维生素会被高温破坏，影响营养价值，也会让黄瓜失水过多，失去爽脆口感。

在炎热的天气里，我们没有好胃口，怎么办呢？不如做一款清淡的小菜，再配一碗凉粥，让你在炎炎夏日里有一份属于自己的清凉。

散落在碗里的小星星

秋葵蒸水蛋

🕐 15分钟　🔥 简单

主料

鸡蛋4个（约200克）｜秋葵3根（约30克）

参考热量表

鸡蛋200克…288千卡
秋葵30克…8千卡
合计296千卡

做法

1 秋葵洗净；锅内烧开水。将秋葵放入锅中焯水20～30秒，捞出放凉。

2 将秋葵去头、去尾，横着切成1厘米左右的片。

3 鸡蛋磕入碗中打散，加入跟蛋液等量的温水，继续搅拌打散。

4 这时碗中会出现很多泡沫，用滤网过滤一下，将泡沫去除。

5 将切好的秋葵撒在蛋液上，用保鲜膜封口，并在保鲜膜上用牙签扎一些小孔。

6 蒸锅内放入适量清水，大火烧开后放入秋葵蛋液，转中火蒸10分钟即可。

┌─ 烹饪秘籍 ─

1 清洗秋葵时用一点点盐，可以揉搓掉秋葵表面的细小绒毛。
2 温水可以使蒸出的蛋羹口感嫩滑，底部不会出现很多蜂窝气孔。
3 蒸水蛋时间不宜过长，否则蛋就老了。

热量低、颜值高，这道蒸蛋会让你一整天的心情都美美哒。早餐要吃好点，上午才会有精神。有些人不喜欢秋葵中的黏液。其实你有所不知，这黏液有保护胃壁的作用哦。

有人会想：不就是个炒鸡蛋吗？谁不会啊！但是这里可是用水炒的哦。无油料理不仅低热量，鸡蛋还很嫩滑呢。

无油炒鸡蛋
水炒鸡蛋

🕐 5分钟　　🔥 简单

主料

鸡蛋2个（约100克）

辅料

盐1茶匙

参考热量表

鸡蛋100克…144千卡
合计144千卡

烹饪秘籍

翻炒的时候要用中火，不停搅拌，防止粘锅。

做法

1 将鸡蛋磕入碗中打散，加入盐搅拌均匀。

2 锅中加入跟鸡蛋等量的清水，大火烧开。

3 水开后，将搅拌散的鸡蛋液倒入锅中。

4 等几秒后，用锅铲将定形好的蛋液往一边推。

5 反复上一步，直至蛋液全部定形凝固、锅中没有多余水分即可。

🥕 一道有营养的早餐不一定要花费很多精力和时间。这里教你用简单的食材做出一道有营养又有颜值的早餐。

一招搞定你
早餐鸡蛋面包丁

🕐 5分钟　　🔥 简单

参考热量表

切片面包100克…284千卡
蛋液100克…144千卡
奶酪5克…16千卡
合计444千卡

做法

主料

切片面包2片（约100克）
鸡蛋2个（约100克）

辅料

奶酪碎5克｜火腿片2片

1 切片面包切成小丁，火腿片切成小丁备用。

2 鸡蛋磕入烤碗中，把切好的面包丁和火腿丁放入碗中，撒上奶酪碎。

3 封上保鲜膜，入微波炉以中火加热2分钟即可。

烹饪秘籍

没有面包，可以放入白米饭或者白馒头丁都可以。

75

微甜的感觉

胡萝卜炒鸡蛋

🕐 20分钟　　🔥 简单

主料

胡萝卜2根（约200克）
鸡蛋2个（约100克）

参考热量表

胡萝卜200克…64千卡
鸡蛋100克…144千卡
合计208千卡

辅料

油2茶匙｜蚝油1茶匙｜盐少许

做法

1 胡萝卜去皮、洗净，用工具擦成丝备用。鸡蛋磕入碗中，搅匀打散。

2 中火将锅加热，放入1茶匙油，待油温微热时，加入蛋液。

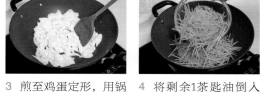

3 煎至鸡蛋定形，用锅铲翻炒成小碎块，盛出备用。

4 将剩余1茶匙油倒入锅中，中火加热30秒，放入胡萝卜丝翻炒。

5 待胡萝卜丝变成深橘红色并且开始发软，加入蚝油继续翻炒一两分钟。

6 当用锅铲能轻易切断胡萝卜时，加入炒好的鸡蛋翻炒均匀，出锅前加盐调味即可。

> ─ 烹饪秘籍 ─
>
> 1 胡萝卜中的胡萝卜素是脂溶性维生素，要加油烹饪才会释放出来。
> 2 蚝油本身就有咸味，所以出锅前放一点点盐进行调味即可。

本人特别不喜欢生胡萝卜的味道，总觉得怪怪的。可是用一点点油来炒，胡萝卜就变成了另一种味道，还有降糖降脂的效果。

不一样的早餐蛋
北非蛋

🕐 10分钟　　🔥 简单

主料

番茄1个（约80克）｜鸡蛋2个（约100克）
洋葱15克｜青辣椒15克

辅料

黑胡椒粉半茶匙｜油1茶匙｜盐半茶匙

参考热量表

番茄80克…12千卡
青椒15克…3千卡
洋葱15克…6千卡
鸡蛋100克…144千卡
合计165千卡

做法

1 将番茄、青辣椒、
洋葱洗净，分别切成小
丁，装盘备用。

2 不粘锅中火加热，倒
入1茶匙油，继续加热
30～40秒。

3 放入洋葱炒香，加入
番茄丁和青辣椒丁。

4 炒至番茄和青辣椒变
软后，用锅铲在锅边挖
两个小坑，将2个鸡蛋分
别磕入两个小坑中。

5 盖上锅盖，小火焖
三四分钟至蛋黄凝固，
撒上盐和黑胡椒粉即可。

── 烹饪秘籍 ──

煎蛋时看个人喜好，如果喜欢全熟的蛋，焖5分
钟左右就可以了。

听名字就很有异国情调！这道早餐蛋不仅颜值高，而且营养丰富，能让你一整天的心情都美美哒。

好吃的下饭菜
锅塌豆腐

🕐 30分钟　　🔥 简单

主料

北豆腐100克｜青辣椒2根（约50克）

辅料

蚝油1汤匙｜生抽2茶匙｜白糖1茶匙｜盐半茶匙
葱1段（约10克）｜姜2片｜水淀粉少许｜油2汤匙

参考热量表

北豆腐100克···116千卡
青辣椒50克···11千卡
油30毫升···270千卡
合计397千卡

做法

1　北豆腐切成小方块；青辣椒洗净，切成滚刀块；葱切成葱花。

2　将蚝油、生抽、白糖放入小碗中，加适量清水，调成料汁备用。

3　中小火将不粘锅加热，放入油，待油温热后，放入豆腐煎成金黄色，捞出备用。

4　大火加热锅中底油，放入葱、姜爆香，然后加入切好的辣椒。

5　当辣椒翻炒半分钟左右变成翠绿色后，加入煎好的豆腐继续翻炒。

6　在翻炒豆腐的同时，将做好的调料汁淋到豆腐上。

7　再把水淀粉淋入锅中，汤汁浓稠后加盐调味即可。

烹饪秘籍

1 豆腐选择韧性大的，这样煎起来不容易碎。
2 也可以放入胡萝卜和泡发好的木耳进行配色。

豆腐吸收汤汁，香气满满。加上辣椒的清爽，不会感觉油腻，并且还很下饭哦。

浇汁玉子豆腐

🕐 20分钟　🔥 简单

主料

玉子豆腐3根（约300克）

辅料

胡萝卜30克｜新鲜香菇5～7朵（约50克）｜虾仁10个（约100克）
蚝油1茶匙｜盐半茶匙｜姜2片｜葱半根｜油2汤匙｜水淀粉适量

参考热量表

玉子豆腐300克⋯159千卡
胡萝卜30克⋯10千卡
香菇50克⋯13千卡
虾仁100克⋯48千卡
合计230千卡

做法

1 玉子豆腐切成1厘米左右厚的片；虾仁去除虾线，洗净，切成小丁备用。

2 香菇洗净，胡萝卜去皮，分别切成小丁；葱姜切成丝备用。

3 不粘锅加入油，中火加热，油微热后加入切好的玉子豆腐。

4 将豆腐煎至两面金黄，盛出备用。

5 锅内留少许底油，开中火，将葱姜爆香，加入切好的虾仁翻炒。

6 虾仁变色后，放入胡萝卜丁继续翻炒至变色，然后加入香菇。

7 翻炒一两分钟后，倒入清水和蚝油作为调味汁，把调味汁煮沸，加入煎好的玉子豆腐。

8 玉子豆腐炖煮一两分钟后，加入少许水淀粉，使汤汁浓稠后加盐调味，即可出锅。

烹饪秘籍

1 香菇和胡萝卜的丁要切小一点，这样比较好熟。

2 玉子豆腐不吸油，所以也不会有油腻感。

玉子豆腐是用鸡蛋做的，比较滑嫩，配上浓郁的浇头和汤汁，味道鲜美，简单又营养。没有油腻感，多吃也不会有负担。

作为一个东北人，就是爱炖菜，特别是在犯懒的情况下。不需复杂的食材，也不用爆起油烟，只求简单原味就好。

清淡不油腻

大白菜炖冻豆腐

🕐 20分钟　　🔥 简单

主料

大白菜半棵（约200克）
冻豆腐1块（约150克）

辅料

盐2茶匙｜油1汤匙
香菇10朵（约50克）

参考热量表

白菜200克…40千卡
香菇50克…13千卡
冻豆腐150克…126千卡
合计179千卡

── 烹饪秘籍 ──

食材都是比较容易熟的，所以不用炖煮很长时间，喜欢喝汤的朋友可以多放一些水。

做法

1 白菜、香菇分别洗净，切成条备用。

2 冻豆腐解冻后挤出水分，切成2厘米左右见方的块备用。

3 中火将油锅加热，油微热后，放入白菜和香菇翻炒。

4 待香菇和白菜变软后，加入适量清水，再放入冻豆腐，盖上炖煮。

5 炖煮10分钟左右，加盐调味，即可出锅。

🥕夏口蘑的口感就像肉一样，但是味道又很特别，有一种鲜香让人欲罢不能。

想多吃一碗饭

蚝油口蘑

🕐 15分钟　　🔥 简单

主料

口蘑300克

辅料

蚝油2汤匙 | 生抽1茶匙
豆油2汤匙

参考热量表

口蘑300克…831千卡
豆油30克…270千卡
蚝油30克…35千卡
合计1136千卡

烹饪秘籍

蚝油要最后加入，不然容易煳锅。

做法

1 将口蘑洗净，对半切开备用。

2 锅内加适量清水，将切好的口蘑焯水至断生，捞出备用。

3 蚝油放入碗中，加入生抽稀释备用。

4 大火将锅加热，倒入油，当油温升高有一丝丝冒热气，放入口蘑煸炒。

5 口蘑煸炒熟透，加入稀释好的蚝油翻炒均匀，出锅即可。

像吃肉一样吃菜

香烤杂蔬

🕐 25分钟　🔥 简单

主料

西蓝花300克｜西葫芦200克
杏鲍菇100克｜土豆1个（约100克）

辅料

孜然粉1茶匙｜辣椒粉1茶匙
黑胡椒粉半茶匙｜盐半茶匙
罗勒碎少许｜油2茶匙

参考热量表

西蓝花300克…108千卡
西葫芦200克…38千卡
杏鲍菇100克…35千卡
土豆100克…81千卡
合计262千卡

做法

1　西蓝花掰成小朵，用清水浸泡一下。

2　西葫芦去皮，洗净，切成3厘米见方的块；土豆去皮、洗净，滚刀切成3厘米左右的菱形块。

3　杏鲍菇洗净，滚刀切成3厘米大小的菱形块。将泡好的西蓝花控水沥干。

4　锡纸平铺在烤盘内，将西葫芦、土豆、西蓝花、杏鲍菇全部平铺到烤盘内。

5　将油、孜然粉、黑胡椒粉、盐、罗勒碎、辣椒粉全部倒入蔬菜内，翻拌均匀。

6　烤盘放入烤箱中层，210℃烤制15～20分钟即可。

烹饪秘籍

1 没有罗勒碎也可以不放，不吃辣的可以不放辣椒粉。

2 可以根据自己的口味变换食材，比如将土豆换成南瓜、红薯等都可以。

不爱"炒炒炒"的时候，那就"烤烤烤"。
做一天素食主义者，享受健康的生活。

不用烤箱也能烤出美味

蒜香烤茄子

🕐 15分钟　🔥 简单

参考热量表

茄子350克…81千卡
青椒30克…8千卡
红椒30克…8千卡
洋葱20克…8千卡
合计105千卡

主料

长茄子2根（约350克）

辅料

青椒30克｜红椒30克｜洋葱20克
大蒜10～15瓣｜黑胡椒粉半茶匙
蚝油1茶匙｜生抽半茶匙｜油半茶匙

营养贴士 ————

青茄子具有很好的降脂作用，并且富含多种维生素，热量极低，可以常吃。

做法

1　将茄子洗净，对半切开，放入微波炉中，高火加热5分钟后，茄子外皮皱起，用筷子插一下，里面软软的就可以取出了。

2　将蒜瓣、青椒、红椒和洋葱分别切成末。

3　锅内加入底油，将切好的蒜末放入锅中，中火爆香1分钟盛出。

4　将青椒末、红椒末、洋葱末和蒜末放在一起拌匀，加入蚝油、黑胡椒粉、生抽，调成调味酱汁。

5　将调味酱汁均匀淋在茄子表面，放入微波炉，中高火再加热五六分钟即可。

　烹饪秘籍 ————

蒜和茄子是最佳拍档，可以多放一点蒜。如果没有青红椒，也可以替换成辣椒粉、孜然粉。装盘的时候撒上一点点葱花会更漂亮。

在烧烤的季节里，怎能没有"烤茄子"呢？
那种味道会让人上瘾，光想想就会流口水。

白灼芥蓝

🕐 10分钟　　🔥 简单

主料

新鲜芥蓝（约250克）

辅料

生抽半茶匙｜蚝油半茶匙｜葱少许
油1汤匙

参考热量表

芥蓝250克…55千卡
油15毫升…135千卡
蚝油3毫升…3千卡
合计193千卡

做法

1 芥蓝去掉老叶，茎部用刮皮器去掉老皮，洗净。葱切成葱丝备用。

2 将蚝油、生抽放入碗内，制成调味汁。

3 锅内加入适量清水，烧开后放入芥蓝。

4 芥蓝汆烫约10秒，逐渐变成翠绿色，捞出，沥干水分装盘。

5 在摆好盘的芥蓝表面，铺上切好的葱丝，将调味汁均匀淋在芥蓝上。

6 锅内加入1汤匙油，大火烧热，将热油淋在芥蓝上即可。

烹饪秘籍

芥蓝焯水的时候可以放一点点盐，会使芥蓝的颜色更漂亮。

芥蓝富含膳食纤维，能够促进肠胃蠕动，防止便秘，还有降低胆固醇、软化血管等食疗功效。多吃绿色蔬菜，身体才会更健康。

好营养的清淡菜

蒜香西蓝花

🕐 15分钟　　🔥 简单

主料

西蓝花300克

辅料

大蒜20瓣（约50克）｜蚝油1茶匙
生抽半茶匙｜油1茶匙

参考热量表

西蓝花300克…108千卡
大蒜50克…64千卡
蚝油5毫升…6千卡
油5毫升…45千卡
合计228千卡

做法

1　西蓝花掰成小朵，洗净；大蒜去皮，切成蒜末。

2　锅内加入适量清水，大火加热，放入西蓝花锅焯水，捞出沥干。

3　中火将油锅加热，待油变热后，放入蒜末煸炒出香味。

4　放入西蓝花，加入蚝油、生抽翻炒调味。

5　待调味汁均匀裹满西蓝花后，再翻炒40秒至1分钟，盛盘即可。

烹饪秘籍

西蓝花焯水时间不宜过久，变成翠绿色就可以捞出了。

肉吃多了就吃点蔬菜吧。西蓝花热量低，营养价值高，是健身人士和养生达人都推崇的食物，不仅能改善心血管功能，还有降血糖的作用。

魔芋热量极低，甚至可以忽略不计，是减肥时期的好伴侣。魔芋富含膳食纤维，对营养不均衡有调节作用，并且还有通便的作用。

减肥的好伴侣
蚝油魔芋块

🕐 20分钟　　🔥 简单

主料

魔芋块200克

辅料

葱花3克 | 蚝油1汤匙
油1汤匙

做法

1 将包装袋里的魔芋取出，切成小块，过一遍清水。

2 油锅中火加热，待油微热后，将葱花放入锅中爆香。

3 放入魔芋块和蚝油进行翻炒，再加入少量清水。

4 转大火将锅中的汤汁烧至浓稠，出锅装盘即可。

烹饪秘籍

1 魔芋属于比较寒凉的食物，胃肠不好的人不建议多食用。
2 放入少量清水，可使魔芋在炒制中更加入味。

虾仁牛油果酱拌意面

🕐 20分钟　🔥 简单

主料

意面150克 | 牛油果1个（约100克）

参考热量表

意面150克…527千卡
牛油果100克…161千卡
虾仁100克…48千卡
合计736千卡

辅料

虾仁8个（约100克） | 盐1茶匙 | 黑胡椒粉1茶匙
蒜瓣4个 | 油2茶匙 | 牛奶3汤匙

做法

1　沸水锅内加入一点盐调味，放入意面煮制8~10分钟，煮好后沥水备用。

2　在煮意面的同时，将牛油果取出果肉，放入料理机中，加入牛奶打成果浆。

3　大蒜切成蒜片；不粘锅中小火加热，放入油。

4　油微热后，放入切好的蒜片炒香，再放入虾仁炒至变色。

5　将做好的牛油果浆放入锅内翻炒，翻炒成汤汁浓稠状态。

6　把煮好的意面倒入锅中搅拌均匀，加入盐和黑胡椒粉调味即可。

烹饪秘籍

煮面的时候放一点盐，口感更佳。

意面其实有很多种吃法，不一定只能配番茄酱。做点果酱放入，也是很健康的一种搭配。

一颗爱心送给你

番茄意面

🕐 20分钟　🔥 简单

主料

牛肉末400克｜意大利面200克

辅料

番茄2个（约180克）｜番茄酱4汤匙｜黄油60克
黄洋葱1个（约50克）｜黑胡椒粉半茶匙
意大利综合香料半茶匙｜盐1茶匙

参考热量表

黄油60克…533千卡
意面200克…702千卡
牛肉末400克…424千卡
洋葱50克…20千卡
番茄180克…27千卡
合计1706千卡

做法

1 在番茄表面划十字刀口，放入开水中，烫后去皮。

2 将番茄和洋葱分别切成小丁备用。

3 平底锅中火加热，放入一半黄油融化，然后加入牛肉末，炒成金黄色盛出。

4 将剩余的黄油放入锅内融化，加入洋葱丁翻炒，炒至金黄后，加入番茄丁。

5 番茄放入后，会出很多汤汁，这时加入番茄酱及少量的水。

6 把炒好的牛肉放入番茄酱汁中，加入意大利综合香料，盖上盖子，炖两三分钟。

7 另起锅加适量的水，大火烧开，放入意面煮8分钟左右，捞出放入盘子里。

8 将煮好的番茄牛肉酱加入盐和黑胡椒粉调味，盛出淋在意面上即可。

烹饪秘籍

1 煮番茄酱加入水是为了防止糊锅。
2 每个牌子的意面煮制时间都不相同，可以根据包装上的建议调节煮制时间。
3 在煮意面的水中加少量盐，意面会更有味道。

表达爱意的方式有很多种，一道自己动手做的美食，满满的都是爱的心意。不一定要做得多精致，重要的是有那颗充满爱的心。

夏日一碗面
凉拌鸡丝荞麦面

🕐 20分钟　🔥 简单

主料

鸡胸肉200克 | 荞麦挂面300克

辅料

黄瓜1根（约80克） | 大葱1根 | 生抽5汤匙
油3汤匙 | 姜3片

参考热量表

黄瓜80克…12千卡
鸡肉200克…266千卡
荞麦面300克…989千卡
合计1267千卡

做法

1 鸡胸肉洗净，放入锅中，加适量清水、姜片、葱段、中火煮熟，捞出备用。

2 将煮好的鸡胸肉放凉后，按照鸡肉的纹理撕成细丝。

3 黄瓜洗净，切成丝；大葱的中后段（带点绿色的部分）切成葱丝。

4 水烧开后，放入荞面挂面煮熟，捞出过凉水，沥水备用。

5 将荞麦面和鸡胸肉放入容器内拌匀。

6 加入黄瓜丝和生抽拌匀。

7 锅内加入油，开中火，待油微热时放入葱丝，炸成葱油。

8 将葱油淋入拌好的面中即可。

── 烹饪秘籍 ──

可以多放入一些蔬菜和鸡肉，主食少一点，便是完美的一餐。

清凉夏日里，能吃到一碗有内涵的面真是幸福满满，也给燥热的自己带来一丝清凉。荞麦本身还有降血糖的功效，也是一种很好的保健食品。

"菜头"的华丽变身
大杂烩热汤面

🕐 30分钟　🔥 简单

主料

猪里脊肉200克｜挂面250克

辅料

胡萝卜1根（约80克）｜新鲜香菇6朵（约60克）
番茄2个（约180克）｜青笋半根（约80克）
盐1茶匙｜蚝油1汤匙｜油3汤匙

参考热量表

猪里脊肉200克…310千卡
番茄180克…27千卡
胡萝卜80克…26千卡
青笋80克…12千卡
香菇60克…16千卡
挂面250克…883千卡
合计1274千卡

做法

1 将猪肉、番茄、香菇、胡萝卜、青笋分别洗净，切成丁备用。

2 锅里放油，大火烧热后放入猪肉丁翻炒至变色，加入胡萝卜、香菇、青笋一起翻炒至断生，待炒出香味后盛出。

3 开中火重新起锅，放入一些底油，油微热后加入番茄丁，炒成酱状。

4 在番茄酱中加入适量清水炖煮，再把刚才炒好的肉丁、胡萝卜、香菇、青笋放入锅中。

5 待水开后放入面条煮制，待面条煮好后加入蚝油和盐调味，即可出锅。

烹饪秘籍

1 都是一些剩余材料，在烹饪时可以根据自家现有的食材适当调整。

2 这里用的是普通挂面，也可以换成粗粮面。

总有匆匆忙忙忘记买菜的时候，翻开冰箱，仅剩一些做菜剩余的材料，扔了又很可惜，那就来一次华丽变身吧。

荞麦对高血压、高血脂、高血糖有一定的调节作用，特别适合老年人食用。

一碗简单的面
三丝荞麦面

🕐 20分钟　　🔥 简单

主料

荞麦挂面100克
白萝卜50克
黄瓜50克 | 绿豆芽40克

辅料

蒜4瓣 | 醋3茶匙
生抽3茶匙 | 白糖1茶匙

烹饪秘籍

可以适量添加一些虾仁或者鸡蛋，这样营养会更丰富。

参考热量表

荞麦挂面100克…330千卡
白萝卜50克…8千卡
绿豆芽40克…6千卡
黄瓜50克…8千卡
合计352千卡

做法

1 白萝卜和黄瓜洗净、切丝；绿豆芽洗净，控水备用。

2 大蒜挤压成蒜泥，加入醋、生抽、白糖，调成调料汁待用。

3 锅内加入适量清水，水烧开后放入荞麦挂面煮熟，然后放入清水碗里过凉，捞出。

4 将荞麦面放入一空碗内，加入切好的配料，淋上调料汁，搅拌均匀即可。

秋季南瓜成熟，此时的南瓜香甜可口，而且膳食纤维含量多，是一种应季又健康的食材。

味道有点甜

金黄南瓜饼

🕐 30分钟　　🔥 简单

主料

南瓜200克｜面粉100克
鸡蛋2个（约100克）

辅料

盐1茶匙｜十三香1茶匙
葱花适量｜油适量

烹饪秘籍

可以借助擦丝器将南瓜
擦成丝。

参考热量表

南瓜200克…46千卡
面粉100克…181千卡
鸡蛋100克…144千卡
合计371千卡

做法

1　南瓜洗净，去皮，切片，再切成半厘米左右的细丝，然后加入十三香和盐搅拌均匀。

2　当南瓜丝变软后，加入鸡蛋、面粉、葱花和适量水，使南瓜丝变成凝固状态。

3　电饼铛加热，刷上适量底油，取适量南瓜丝放在电饼铛上，摊平定形。

4　当南瓜饼定形后，翻面煎另一面。当两面煎成金黄色，就可以盛出了。

平台期全靠它
全麦紫薯饼

🕐 40分钟　🔥 中等

主料

紫薯200克 | 全麦面粉50克

辅料

牛奶4汤匙 | 白芝麻适量

参考热量表

紫薯200克…212千卡
全麦面粉50克…176千卡
合计388千卡

做法

1　紫薯洗净，去皮，切成片状，放入蒸锅中蒸8～10分钟至熟。

2　将蒸熟的紫薯放入容器内，碾成紫薯泥。

3　在紫薯泥中加入全麦面粉，分多次加入适量的牛奶，和成面团。

4　揪出大小均等的剂子，滚成圆形，再放入白芝麻里滚上一层白芝麻。

5　将做好的紫薯球按压成饼状。

6　不粘锅小火加热，放入紫薯饼，盖上锅盖，两面各煎8～10分钟即可。

烹饪秘籍

牛奶可以采用脱脂牛奶，热量更低，有利于减脂。

健身减脂的过程中会有一个平台期。这时候特别想吃主食，又担心热量太高，吃完会有负罪感。怎么办？做点健康的下午茶点心，助你平稳度过平台期。

奶香玉米饼

黄澄澄的小点心

🕐 30分钟　　🔥 简单

主料

细玉米面200克｜鸡蛋2个（约100克）
奶粉150克｜牛奶200毫升

参考热量表

玉米面200克…700千卡
鸡蛋100克…144千卡
奶粉150克…717千卡
牛奶200毫升…108千卡
合计1669千卡

辅料

酵母粉5克｜油1汤匙

做法

1　袋装牛奶在热水中浸泡至微热，倒入碗中，放入酵母粉搅拌均匀。

2　把细玉米面、鸡蛋、奶粉放入大碗中，加入调好酵母的牛奶，搅拌成面糊，呈拉丝状。

3　盖上盖子，在常温下饧发10分钟左右，至面团里出现一些小气泡就可以了。

4　中小火将不粘锅加热，放入油，舀一勺面糊放入锅内，推开成面饼。

5　待面饼底部定形后，翻面煎另一面。当两面金黄、中间酥软即可出锅。

烹饪秘籍

1　面饼的厚度为一两厘米。
2　如果没有奶粉，可以加适量白糖。
3　牛奶不要太热，温热即可，太热会把酵母的活性菌烫死。

现代人越来越偏爱吃粗粮，比如玉米面，它既保留了玉米原有的营养，又更容易消化吸收，还有降血脂等食疗功效。

提到松饼，首先想到是软绵绵的、甜甜的。普通的松饼吃完以后怕长胖，爱美的女孩子怎么办呢？试试这款改良版本，满足一下想吃的欲望吧。

改良网红版
零油香蕉松饼

🕐 20分钟　🔥 简单

主料

香蕉1根（约150克）
面粉100克

辅料

盐少许｜鸡蛋2个（100克）
牛奶90毫升

— 烹饪秘籍 —

1 面糊一定要调制成跟酸奶的浓稠度差不多，太稀不成形，太干不松软。
2 香蕉要选择熟透的，比较生的香蕉会有涩味。
3 面粉过筛后再加入口感会更好，搅拌时不要画圈，不然会出筋。

参考热量表

香蕉150克…140千卡
面粉100克…362千卡
鸡蛋100克…144千卡
牛奶90毫升…49千卡
合计695千卡

做法

1 香蕉去皮，切块，放入料理机中，加入牛奶和鸡蛋打成浆，倒入碗中。

2 在制作好的浆液中分别多次加入面粉，搅拌均匀后，然后加入少许盐调味。

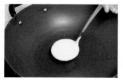

3 不粘锅加热，倒入一勺搅拌好的面糊。

4 当面糊定形后，翻面煎另一面，至两面金黄即可。

一到下午就会肚子空空，感觉血糖在一直往下掉。吃点香脆的小饼干，给无聊的下午增加一点乐趣。

香喷喷的小食
脆香饼

🕐 30分钟　🔥 简单

主料

面粉180克
鸡蛋2个（约100克）

辅料

盐1茶匙

烹饪秘籍

1 没有图案模具的可以用小瓶盖代替，或者用刀裁切成3~5厘米的小方块。

2 可适量添加一些香葱和芝麻，味道会更好。

参考热量表

面粉180克…600千卡
鸡蛋100克…144千卡
合计744千卡

做法

1 面粉内加入盐、鸡蛋和适量清水，和成面团。

2 盖上盖子，饧发10分钟左右；面板上撒上薄面，将面团取出揉搓排气。

3 用擀面杖将面团擀成半厘米左右厚度的薄饼，用图案模具按压出形状。

4 电饼铛中小火加热，将制作好的饼坯放入锅中，煎成两面金黄即可。

丰富的能量源

土豆鸡蛋饼

🕐 20分钟　🔥 简单

主料

土豆1个（约100克）
鸡蛋2个（约100克）｜面粉80克

辅料

盐1茶匙｜黑芝麻少许｜油适量

参考热量表

土豆100克…81千卡
鸡蛋100克…144千卡
面粉80克…290千卡
合计515千卡

做法

1　土豆去皮、洗净，用工具擦成细丝，清水浸泡备用。

2　面粉放入一个大一点的容器内，磕入鸡蛋，把切好的土豆丝沥水放入面粉中。

3　加入适量清水，搅拌成糊状，加盐和黑芝麻调味。

4　不粘锅内放入油，小火加热，将适量土豆面糊倒入锅内。

5　待底部定形后，翻面煎另一面，当两面都摊成金黄色就可以了。

> 烹饪秘籍
>
> 土豆泡水是为了防止其氧化变色。

土豆里含有很多淀粉，能给人体带来能量。
作为早餐，可以支持你一上午的工作和学习。
只有早餐吃得好，工作效率才会高。

没有想到酸奶也能做饼吧？你不妨照着下面的步骤学一学。既保留了酸奶的味道，又有饼的香甜，味道很特别。

不一样的甜点
酸奶饼

🕐 20分钟　　🔥 简单

参考热量表

酸奶150克…108千卡
面粉120克…434千卡
鸡蛋约100克…144千卡
合计686千卡

主料

酸奶150克
面粉120克

辅料

鸡蛋2个（约100克）

— 烹饪秘籍 —

凝固型的酸奶比较浓稠，搅拌面糊的时候有点干，可以加少许水稀释。

做法

1 酸奶放入一个大的容器内，磕入鸡蛋，把面粉过筛，筛入其中，搅拌成糊状。

2 不粘锅小火加热，用小汤匙舀一勺面糊放入锅中，自然形成圆形。

3 盖上锅盖，半分钟后开盖翻面。再盖上盖子煎另一面，待两面都煎成金黄色即可。

🥕早晨懒得做复杂的料理，可又不知道吃点什么。那就做一款便捷的蔬菜鸡蛋饼吧，不仅制作时间短，而且有营养、味道好。

便捷的美味
蔬菜鸡蛋饼

🕐 15分钟　　🔥 简单

主料

面粉50克
鸡蛋2个（约100克）
胡萝卜半根（约80克）
小白菜100克

辅料

油2茶匙

烹饪秘籍

1 面糊不要调制得太稀，否则水分太多不容易定形。舀起面糊能流淌下来即可。
2 最好放入叶多的绿叶菜。

参考热量表

面粉50克…181千卡
小白菜100克…17千卡
胡萝卜80克…26千卡
鸡蛋100克…144千卡
合计368千卡

做法

1 胡萝卜和小白菜分别洗净，切成碎末备用。

2 面粉放入大点的容器内，放入胡萝卜碎、小白菜碎，磕入鸡蛋，然后加适量水搅拌成糊状。

3 不粘锅中火加热，放入油，舀一勺面糊放入锅内，摊平。

4 待底部定形后，翻面煎另一面。当两面变成金黄色，面饼就摊好了。

韩式泡菜海鲜饼

主料

泡菜150克｜面粉150克｜鱿鱼100克｜蛤蜊肉100克

辅料

油1汤匙｜香葱100克｜洋葱15克

参考热量表

泡菜150克…40千卡
面粉150克…543千卡
鱿鱼100克…75千卡
香葱100克…27千卡
洋葱15克…6千卡
合计691千卡

做法

1 鱿鱼洗净，切成小片；蛤蜊肉洗净泥沙；香葱切成段；洋葱切小丁；泡菜切小段。

2 将面粉倒入盆中，加入适量清水，顺时针搅拌成糊状。

3 然后把蛤蜊肉、鱿鱼、香葱、洋葱丁、泡菜全部放入面糊中，搅拌均匀。

4 不粘锅刷油，中小火加热，盛一小勺面糊放入锅中煎制。

5 当面饼定形后，翻面煎另一面，至两面煎成金黄色即可。

— 烹饪秘籍 —

煎的时候要用中小火，大火容易煳锅。

总吃一种口味的食物不免有点乏味，来点异国风味给生活增添点趣味。口感不同，也会带来新鲜的感觉。

艳丽不俗套
南瓜花卷

🕐 40分钟　🔥 中等

参考热量表

面粉300克…1086千卡
南瓜60克…14千卡
牛奶120毫升…65千卡
合计1165千卡

主料

面粉300克 ｜ 南瓜60克 ｜ 牛奶120毫升

辅料

盐1茶匙 ｜ 酵母粉4克 ｜ 油2茶匙

做法

1 南瓜洗净，去皮，放入蒸锅中蒸熟。

2 把蒸熟的南瓜放入料理机，加入牛奶打成浆，盛出，加入酵母粉拌匀。

3 在南瓜泥中加入面粉，揉成光滑的面团，盖上保鲜膜，发酵到两倍大。

4 取出面团，放到面板上，撒上一层薄面，按揉面团两三分钟使面团排气。

5 将揉好的面团擀成长方形，厚四五毫米，在面片表面淋上油，抹匀，撒上盐。

6 将面片两边向中间对折，再对折，成一个细的长方形。

7 将折叠好的面切成3厘米左右的剂子，取一个剂子，用一根筷子放到剂子中间压到底。将筷子抽出来，双手捏住剂子两边，拉长一下，然后扭转对折成花卷坯。

8 蒸锅里放入适量水，放入花卷坯，在蒸笼里醒发15分钟。然后开大火蒸12分钟即可。

烹饪秘籍

1 当面团发酵到原来的两倍大，并且面团里有很多气泡产生，面就发好了。

2 摆放花卷前可以在笼屉里抹点油，防止出锅后花卷和笼屉粘连。

平时做的花卷都是白色的，这次我们加入南瓜，成品就会变成艳丽的黄色，味道也会香甜软糯。

刀切黑米馒头

🕐 40分钟　🔥 中等

主料

黑米面200克 | 白面100克

辅料

酵母粉2克

参考热量表

黑米面200克…601千卡
白面100克…362千卡
合计963千卡

做法

1 酵母粉用温水化开备用。

2 黑米面和白面放入盆中，加酵母水和适量清水，和成光滑的面团。

3 在和好面的盆上封上保鲜膜，等待面团发酵。

4 当面团发酵成原来的2倍大，并且有均匀气孔产生，面团就发酵好了。

5 将面团放在面板上，反复揉搓10分钟左右排气。

6 把面团搓成长条，切成大小均匀的剂子，放入笼屉中，盖上盖子醒发10分钟。

7 蒸锅中加入适量水，大火蒸15分钟，然后关火闷3分钟即可。

─ 烹饪秘籍 ─

和面的时候加入一些奶粉和糖，就变成了奶香味馒头，家里有小朋友的可以试一下。

总做白馒头，感觉好没趣。适量加一些"染色剂"，为生活增添一些乐趣。

对，你没看错，馒头会变身。变成不一样的馒头，还会拉丝呢。

馒头会变身
香脆馒头

🕐 10分钟　　🔥 简单

参考热量表

馒头60克…134千卡
鸡蛋100克…144千卡
奶酪20克…66千卡
合计344千卡

主料

馒头1个（约60克）

辅料

鸡蛋2个（约100克）
奶酪碎20克｜火腿片4片
盐适量｜黄油适量

烹饪秘籍

如果想进一步控制热量，可以选择低脂的奶酪，黄油也可以换成橄榄油。

做法

1 黄油隔水融化待用；馒头切成十字花刀，不要切断；火腿切成丁备用。

2 在切好的馒头上，每个面都涂上适量黄油，然后填塞入火腿丁和奶酪碎。

3 鸡蛋打散，用刷子在馒头的表面刷上蛋液，放入烤箱中层。

4 烤箱150℃烤制15分钟，取出后撒上一点盐即可。

给自己心爱的人煲一款暖暖的粥，让他感受到你温柔。燕麦中的营养成分对改善血液循环和缓解压力都有一定的作用，是上班族和老年人经常食用的佳品。

被爱包围
红豆燕麦粥

🕐 60分钟　　🔥 中等

主料

燕麦（扁状）100克 | 红豆50克 | 大米50克

烹饪秘籍

如果时间来不及，可以用高压锅炖煮。

参考热量表

燕麦扁状100克…402千卡
红豆50克…162千卡
大米50克…173千卡
合计737千卡

做法

1 将三种主料混合，提前用清水泡半小时。

2 将三种主料放入锅中，按照水与米5：1的比例加入清水。

3 大火煮开后，转中小火煮20~30分钟即可。

操作简便易上手的主食，
让厨艺零基础的你也会爱上
做饭。

大虾饭团

🕐 10分钟　　🔥 中等

米饭500克…580千卡
大虾150克…119千卡
合计699千卡

主料

大虾5只（约150克）
热米饭500克

辅料

盐半茶匙｜海苔碎30克
寿司醋2汤匙

烹饪秘籍

如果能露出一小节虾尾
会更好看。

做法

1 大虾去除虾壳、虾头和虾线，放入水中煮熟，捞出备用。

2 将热米饭放入大碗中，加入盐、海苔碎和寿司醋，拌匀备用。

3 取适量米饭放入掌心摊平，放一只虾在中间。

4 再取适量米饭盖住虾体，双手将米饭在掌心滚圆即可。

📌 杂粮能带来多种营养元素，还能带来饱腹感，特别适于减脂时期食用。但是脾胃不好的人不建议经常食用。

营养均衡才健康

高纤杂粮饭

🕐 20分钟　　🔥 简单

主料

大米100克 | 糙米100克 | 黑米100克 | 燕麦米100克

烹饪秘籍

煮饭前可将米提前浸泡1.5小时左右，这样焖出来口感会更好。

参考热量表

大米100克⋯346千卡
糙米100克⋯348千卡
黑米100克⋯341千卡
燕麦米100克⋯377千卡
合计1412千卡

做法

1 将四种米混合，用清水洗净。

2 将四种米放入电饭煲中，加入超过生米3厘米左右的清水。

3 盖上盖子，按下煮饭键，等待米饭煮熟即可。

一碗不够吃

洋葱肥牛饭

🕐 20分钟　🔥 简单

主料

米饭2碗（约300克）｜肥牛片500克
洋葱30克

辅料

西蓝花50克｜胡萝卜50克｜蚝油1汤匙
生抽1汤匙｜白糖3茶匙｜淀粉1茶匙
盐半茶匙｜油1汤匙

参考热量表

米饭300克…348千卡
西蓝花50克…18千卡
胡萝卜50克…16千卡
肥牛片500克…637千卡
洋葱30克…12千卡
合计1031千卡

做法

1 西蓝花、胡萝卜洗净，焯水捞出；洋葱切成丝备用。

2 将蚝油、生抽、白糖、淀粉、盐和清水调成调料汁备用。

3 肥牛片入沸水中焯烫，见颜色变白后捞出备用。

4 中火加热锅，放入油，油微热后加入切好的洋葱丝。

5 洋葱丝炒软后，放入肥牛片翻炒几下，加入调料汁。

6 翻炒均匀至汤汁浓稠后，盛出浇在米饭上，配上蔬菜即可。

烹饪秘籍

蔬菜可以随意搭配，这样营养才会均衡。

不想点外卖，做复杂的菜又太麻烦。肚子早已经咕咕叫了，那就做点简易的小快餐吧。

糙米的营养价值远胜白米，胡萝卜和香菇的加入，使单调的糙米平添了一份色彩和香气。

不孤单的糙米
胡萝卜香菇糙米饭

🕐 20分钟　　🔥 简单

参考热量表

糙米400克…1392千卡
胡萝卜100克…32千卡
香菇80克…21千卡
合计1445千卡

做法

主料

糙米400克

辅料

胡萝卜1根（约100克）
香菇8朵（约80克）

— 烹饪秘籍 —

糙米质地比较硬，煮饭前提前泡一晚，蒸出来后才会软糯。

1 糙米洗净，放入电饭煲中，加入适量清水备用。

2 胡萝卜、香菇分别洗净，切成小丁备用。

3 把切好的蔬菜丁加入糙米中，搅拌均匀。

4 按照电饭煲的刻度要求加入适量清水，按下煮饭键就可以了。

🥕 好多超模都会选择藜麦作为主食，热量低还有丰富的营养物质，也容易给人饱腹感，是一种非常棒的主食。

像超模一样吃饭
超模藜麦饭

🕐 20分钟　🔥 简单

参考热量表

藜麦50克…184千卡
香菇20克…5千卡
胡萝卜20克…6千卡
芦笋20克…4千卡
合计199千卡

主料

藜麦50克

辅料

胡萝卜20克 | 芦笋20克
香菇20克
沙拉汁（芝麻口味）2汤匙

烹饪秘籍

可以放入一些坚果，使口感更加丰富，也增加更多的营养。

做法

1 藜麦放入锅中，加入清水，至没过藜麦2厘米，中火煮10分钟左右，待水分全部收干。

2 胡萝卜、香菇和芦笋洗净，焯水至断生后，捞出沥干，切成小丁。

3 把所有的食材放入大容器内，淋上沙拉汁拌匀即可。

蒜香鸡腿饭

🕐 30分钟　　🔥 简单

主料

去骨鸡腿肉2个（约400克）
米饭2碗（约300克）｜西蓝花200克

辅料

蒜10瓣（约15克）｜盐半茶匙｜蚝油1汤匙
生抽2茶匙｜蜂蜜3茶匙｜油2茶匙

参考热量表

去骨鸡腿400克…724千卡
西蓝花200克…72千卡
米饭300克…348千卡
合计1144千卡

做法

1　大蒜切成蒜末，放入鸡腿中，再放入盐，腌制20分钟。

2　蚝油、生抽和蜂蜜放入碗中，调成调味汁。

3　小火加热不粘锅，放入油，待油微热后，将鸡腿鸡皮朝下放入锅中。

4　待鸡腿肉两面煎成金黄色，放入调好的调味汁。

5　搅拌均匀后，转中火，倒入适量清水，炖煮四五分钟。

6　开大火，将汤汁收浓稠，盛出后切好，盖在米饭上，再淋上一些汤汁。

7　西蓝花洗净，焯水，捞出沥干，配在鸡腿饭上即可。

烹饪秘籍

鸡腿过夜腌制会更加入味，也可以多腌制一些，然后冻起来，备下一次使用。

鸡腿本身的热量不高，再配合一些蔬菜，一顿营养均衡的减脂健康餐就搞定了。

有灵魂的饭
排骨焖饭

🕐 60分钟　🔥 中等

主料

大米250克｜猪肋骨200克
胡萝卜1根（约70克）｜香菇5朵（约50克）

辅料

油3茶匙｜生抽2茶匙｜老抽1茶匙
白糖1茶匙｜葱白1段｜姜3片
八角1个｜桂皮1小块｜香叶2片

参考热量表

猪肋骨200克⋯528千卡
大米250克⋯865千卡
胡萝卜70克⋯22千卡
香菇50克⋯13千卡
合计1428千卡

做法

1 排骨洗净，放入冷水锅中煮开，去浮沫后捞出备用。

2 胡萝卜去皮、洗净，切成菱形块；香菇去蒂，对半切开备用。

3 锅内倒油，中火加热，油微热后，放入排骨煎至金黄。

4 倒入适量温水，放入生抽、老抽、白糖、八角、桂皮、香叶、葱白和姜片，炖煮20分钟。

5 大米洗净，放入电饭煲中，放入胡萝卜和香菇。

6 将排骨均匀码在上面，按焖饭所需的水量，倒入炖排骨的汤汁，按下煮饭键，煮熟后拌匀即可。

烹饪秘籍

1 换锅焖饭时要把桂皮、香叶等辅料捞出。
2 炖排骨时加入温水可使肉质更易软烂。

米饭吸饱了汤汁，米粒变得晶莹剔透且肉香浓郁，让你大快朵颐。

海鲜焖饭

🕐 30分钟　🔥 中等

主料

大米400克｜基围虾10只（约200克）
鱿鱼1只（约80克）｜花蛤150克

辅料

番茄1个（约80克）｜洋葱半个（约15克）
黑胡椒粉1茶匙｜盐1茶匙｜油2茶匙｜咖喱粉2茶匙

参考热量表

大米400克…1384千卡
基围虾200克…202千卡
鱿鱼80克…60千卡
花蛤150克…68千卡
合计1714千卡

做法

1　大米提前洗净；洋葱和番茄分别洗净，切成小丁；鱿鱼切成圈，焯水盛出。

2　大火将锅烧热，加入油，油微热后加入洋葱丁炒香，加入番茄翻炒出汤汁。

3　将大米倒入锅中，放入咖喱粉，搅拌均匀。

4　倒入超过米层的水量2厘米炖煮10分钟左右。

5　待汤汁慢慢收干时，码入虾、鱿鱼和蛤蜊，继续炖煮10分钟左右，待米饭熟透。

6　在煮好的海鲜饭上撒上黑胡椒粉和盐调味即可。

烹饪秘籍

1 如果用高汤炖煮米饭，味道会更香甜。

2 煮饭时要不时翻动一下，避免煳锅。

3 喜欢软糯口感的米饭，可以适量加一些糯米。

西班牙的海鲜焖饭十分出名。按照下面的做法，我们不必去西班牙，在家里也能吃到西班牙海鲜焖饭，虽然是家常版本，但味道一点也不差。

剩饭的华丽变身
华丽蛋炒饭

🕐 20分钟　　🔥 简单

主料

剩米饭200克｜豌豆粒80克｜玉米粒100克
胡萝卜50克｜虾仁100克｜鸡蛋2个（约100克）

辅料

蚝油2茶匙｜生抽1汤匙｜黑胡椒粉半茶匙
油1汤匙｜香葱5克

参考热量表

米饭200克···232千卡
胡萝卜50克···16千卡
玉米100克···112千卡
豌豆80克···89千卡
虾仁100克···48千卡
鸡蛋100克···144千卡
合计641千卡

做法

1 鸡蛋磕入碗中打散；胡萝卜、虾仁洗净，切成小丁；米饭放入碗中，打成松散状。

2 中火加热不粘锅，放入油，油微热后放入鸡蛋，搅拌打散，使鸡蛋形成小颗粒状盛出。

3 再次起锅，加入油，放入虾仁炒到虾仁变色，然后放入胡萝卜、玉米粒和豌豆。

4 当胡萝卜、玉米粒和豌豆断生后，放入米饭和鸡蛋，翻炒松散。

5 加入生抽、蚝油，快速翻炒均匀，撒上香葱和黑胡椒粉调匀，即可出锅。

— 烹饪秘籍 —

剩的米饭炒出来才会有松散的状态。

家里时不常地会有一点剩饭，扔了可惜，那就添加点蔬菜，让剩米饭来个华丽的变身吧。

低脂的主食
鲜虾鸡肉饺

🕐 20~30分钟　🔥 简单

主料

新鲜鸡胸肉500克 | 新鲜虾仁500克
新鲜香菇七八朵（约50克）
鸡蛋1个（约50克）

辅料

饺子皮适量 | 生抽2茶匙 | 料酒2茶匙
油30毫升 | 蚝油2茶匙 | 盐半汤匙
黑胡椒粉2克 | 十三香2克 | 姜粉2克

参考热量表

鸡胸肉500克…665千卡
虾仁500克…240千卡
香菇50克…13千卡
鸡蛋50克…72千卡
合计990千卡

做法

1 新鲜鸡肉洗净，去除表面筋膜，剁成肉末。

2 虾仁开背，去除虾线，洗净，剁碎。

3 香菇洗净，去蒂，伞面朝上，以"井"字形状切成小丁。

4 将鸡肉、虾肉、香菇混合，加入蚝油、料酒、生抽、盐、黑胡椒粉、十三香、姜粉、鸡蛋液、油，顺时针搅拌均匀。

5 将饺子皮平铺在掌心，取适量饺子馅放在中间，将饺子皮对折捏实，两边的饺子皮往中间堆叠几个褶捏实。

6 锅内加入足量清水，水开后放入饺子，大火煮四五分钟至饺子浮起，即可捞出盛盘。

┌─ 烹饪秘籍 ─

1 虾仁一定要去虾线，不然会有土腥味。

2 清洗香菇时，可适当加一点面粉，面粉能吸附走香菇里的杂质。

北方人特别爱吃饺子，觉得饭和菜都在一起做起来特别省时省力。而对于减脂期的你，则可以选择这款低脂又鲜嫩的饺子，满足食欲的同时又不怕长胖。

🥕 三明治是西方早餐中较为普遍的食物，作为早餐或者下午茶都很不错。做起来也很便捷，还可以拿出作便当食用。

缤纷开放三明治

🕐 10分钟　　🔥 简单

主料

白切片面包3片（约200克）
火腿午餐肉4片（约150克）

辅料

鸡蛋2个（约100克）
生菜叶4片（约15克）
番茄半个（约40克）
番茄酱3茶匙
油1茶匙

参考热量表

白切片面包200克…568千卡
火腿午餐肉150克…344千卡
鸡蛋100克…144千卡
合计1056千卡

烹饪秘籍

如果喜欢吃口感酥脆的面包片，可以将面包片在无油的不粘锅中小火加热到两面焦黄即可。

做法

1 生菜洗净，控干水分；番茄洗净，切成片状备用。

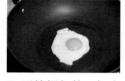

2 不粘锅加热，加入油，磕入鸡蛋，小火将鸡蛋煎熟备用。

3 在盘子里放入一片面包片，涂上番茄酱，依次放上生菜、番茄片、火腿肉和鸡蛋。

4 盖上另一片面包片，再按照第3步骤依次叠加食材，然后盖上最后一片面包。

5 压住做好的三明治，用刀沿对角线切开成三角形状就可以了。

🥕 减脂瘦身是许多女性朋友的追求。日常饮食中控制油脂的摄入，再加上一定的训练，身材会变得越来越好。

健康减脂
牛油果三明治

🕐 20分钟　🔥 简单

主料

白切片面包3片（约150克）
鸡胸肉100克
牛油果1个（约80克）

辅料

熟鸡蛋1个（约50克）
沙拉酱2茶匙
番茄4片（约20克）

参考热量表

白切片面包150克…426千卡
鸡蛋50克…72千卡
牛油果80克…129千卡
鸡胸肉100克…133千卡
合计760千卡

烹饪秘籍

如果觉得沙拉酱有些腻口，可以在牛油果泥中加入少许盐和青柠汁来调节口味。

做法

1 鸡胸肉用白水煮熟，捞出，晾凉后撕成细丝备用。

2 牛油果去除果核，取出果肉，放入碗中捣成果泥。

3 熟鸡蛋剥壳，切碎，放入牛油果的果泥中拌匀。

4 取一片面包，涂上搅拌好的果泥，再依次放上鸡肉丝、沙拉酱和番茄，盖上一片面包。

5 重复第4步，盖上最后一片面包。压住三明治，沿对角线切开就可以了。

🥕小餐包可以作为下午茶或者早餐食用，热量不会很高，适合减脂期的你拿来解馋。

圆滚滚的小可爱
全麦餐包

🕐 60分钟　🔥 简单

主料

全麦粉50克
高筋面粉50克

辅料

黄油20克 | 酵母粉2克
盐半茶匙 | 果糖1茶匙

烹饪秘籍

1 烤制时可以在面坯表面刷一层蛋液，烤好后颜色会更漂亮。
2 把面团放在比较温暖的地方，这样可以加快发酵速度。

参考热量表

全麦粉50克…176千卡
高筋面粉50克…179千卡
黄油20克…178千卡
合计533千卡

做法

1 酵母粉放入适量的温水中，搅拌成酵母水；黄油隔水融化。

2 将盐、果糖、全麦粉、高筋面粉混合，加入酵母水和黄油，和成光滑的面团，封上保鲜膜，饧发30分钟左右。

3 将面团均等分成两份，然后制成圆形的面坯，松弛10分钟。

4 烤箱180℃预热2分钟，将面坯入中层烤制15分钟左右，至表面金黄即可。

🥕 湿漉漉的梅雨季节，好想念漂亮的云朵和大大的太阳。不能控制天气，就做一个能改善自己心情的美食吧。

云朵般的美丽
火烧云吐司

🕐 10分钟　　🔥 简单

主料

白吐司面包2片（约100克）｜鸡蛋2个（约100克）

┌ 烹饪秘籍 ─

1 喜欢吃甜的可以在打发蛋白的时候加入1茶匙白糖。

2 将打发蛋白的容器倒扣，蛋白不会掉下来，就证明蛋白打发好了。

3 不同品牌的烤箱温度不一样，请注意烤制时蛋白的变色情况。

参考热量表

白吐司面包100克…284千卡
鸡蛋100克…144千卡
合计428千卡

做法

1 鸡蛋磕开，将蛋清和蛋黄分离，蛋黄搁置备用，蛋清用打蛋器打成发泡状态。

2 将打好的蛋白涂到面包片上（不用涂抹均匀）。

3 在蛋白的中间挖一个空隙，放一个蛋黄进去。

4 烤箱140℃预热1分钟，将吐司放入中层烤制15分钟，至蛋白烤变色即可。

想吃鸡肉卷，又怕快餐店里的热量高，那就自己动手做一个。卷上鸡肉和爱吃的蔬菜，配上钟爱的水果和牛奶，简直完美！

与快餐店的有一拼
鸡胸肉吐司卷

🕐 20分钟　　🔥 简单

主料

鸡胸肉200克
切片面包4片（约200克）

辅料

生菜2片｜番茄半个
黑胡椒粉半茶匙
蚝油2茶匙｜油1茶匙

参考热量表

面包片200克…568千卡
鸡胸肉200克…266千卡
合计834千卡

烹饪秘籍

1 用刀背在切好的鸡肉上敲打几下，会使鸡肉口感更软嫩。
2 面包片一定要压实，否则卷起来时表面会开裂。

做法

1 鸡胸肉洗净，横着片成1厘米左右厚度的片。

2 将鸡肉放入容器中，加入黑胡椒粉、蚝油，腌10分钟待用。

3 将面包片用擀面杖擀成紧实的薄片，番茄切成片待用。

4 中火将不粘锅加热，加入油，放入鸡肉，煎成两面金黄盛出。

5 在保鲜膜上铺一片面包片，放上鸡肉、生菜、番茄，再盖上一片面包片。

6 压紧后卷起，即可食用。

有嚼劲的零食
五香牛肉干

⏱ 60分钟 🔥 中等

主料

牛里脊300克

辅料

黑胡椒粉1汤匙｜蚝油2汤匙｜生抽2汤匙
老抽1茶匙｜料酒2汤匙｜五香粉1茶匙
白糖2茶匙｜洋葱半个（约20克）

参考热量表

牛肉里脊300克⋯321千卡
蚝油30克⋯35千卡
洋葱20克⋯8千卡
黑胡椒粉15克⋯51千卡
合计415千卡

做法

1 将牛里脊肉切成1根手指粗细的条，放入清水中泡出血水。

2 取一个大碗，将所有辅料放入碗中调成酱汁，其中洋葱切成小块放入酱汁中。

3 将牛里脊条捞出控水，放入调好的酱汁中搅拌均匀，腌制使其入味。

4 在牛肉里脊的一端用牙签穿透固定好，然后挂到烤箱的烤架上。

5 在烤盘中铺上一层锡纸，把烤架放入烤箱中层，烤盘放在最下层。150℃烤1小时即可。

烹饪秘籍

1 牛肉的腌制最好提前一天进行，这样牛肉会更加入味。
2 烤制时间和火候因为烤箱的不同会有所调整，注意观察肉的情况。
3 在烤制前，最好在烤架上铺上一层锡纸盖在牛肉上，避免牙签烤糊。
4 喜欢吃咖喱口味的，可以在腌制时加一些咖喱粉。

外出郊游时，牛肉干真是一个非常棒的零食，能给机体提供能量，脂肪含量也不高。外面买的大多比较咸，而自己做的会更有牛肉的味道。

让人过瘾的小零食

鸡肉干

🕐 40分钟　　🔥 简单

主料

新鲜鸡胸肉400克

辅料

黑胡椒粉3克 ｜ 料酒4汤匙 ｜ 椒盐2克
辣椒粉1克

参考热量表

鸡胸肉400克···532千卡
合计532千卡

营养贴士

鸡胸肉低脂高蛋白，做成肉干方便携带，适合那些想吃又怕胖的人群。

做法

1 将新鲜鸡胸肉去掉多余油脂，用清水洗净，浸泡半小时。

2 将鸡胸肉比较厚的部分横着从中间片开。

3 将鸡胸肉装入容器，加料酒和黑胡椒粉，腌制2小时。

4 锅内加适量清水，放入鸡胸肉，大火煮10～15分钟。

5 煮好后放凉，将鸡肉撕成宽度1厘米左右的条。

6 将鸡肉条平铺在烤盘上，撒上椒盐和辣椒粉。烤箱200℃预热2分钟，将烤盘放入烤箱中层，上下火烤20分钟。

7 拿出来翻面，继续烤制20分钟。

8 出炉后晾凉，装入密封罐储存即可。

烹饪秘籍

1 一定要将鸡肉条撕成均匀大小，烤的时候才会受热均匀。

2 水分越多，烤的时间越长，观察烤制情况，避免烧焦。

3 吃不了辣可以将辣椒粉换成孜然，也别有一番风味。

减肥时期总是想吃东西，用什么来填满我们的空虚呢？来做一款低脂的零食吧，既能满足口腹之欲又不会长胖。

个人觉得这么做出来的鸡米花比油炸版本的味道好，而且不会摄入更多的油脂，很健康，趁热吃起来吧。

原汁原味
健康版鸡米花

🕐 40分钟　🔥 简单

参考热量表

鸡胸肉250克···333千卡
鸡蛋50克···72千卡
合计405千卡

主料

鸡胸肉250克

辅料

面包糠适量｜淀粉10克
鸡蛋1个（约50克）
黑胡椒粉1茶匙｜盐1茶匙
五香粉1茶匙

烹饪秘籍

1 可以用刀背在整块鸡肉上多敲几下，使鸡肉松散，做出来的鸡米花口感不柴。

2 腌制的时间最好长一些，这样鸡肉会更入味。

做法

1 鸡肉洗净，切成小块，放入碗中，加入盐、五香粉、黑胡椒粉腌制20分钟左右。

2 鸡蛋磕入碗中打散；淀粉放入鸡肉内，搅拌均匀。

3 将裹好淀粉的鸡肉，每块均匀裹上蛋液，再裹一层面包糠。

4 然后放入空气炸锅，200℃炸15分钟就可以了。

🥕 虾的蛋白质含量高，很有营养。但不能总吃炒的或者白灼的，闲来没事把它做成小零食吧，边看电视边吃，多惬意。

休闲小食

烤虾干

🕐 60分钟　　🔥 简单

主料

鲜海虾500克

辅料

大葱1段 | 姜3片

参考热量表

鲜海虾500克…452千卡
合计452千卡

烹饪秘籍

1 烤箱功率不同，烤制时注意食物的变化。
2 如果喜欢有点咸味，可以在煮虾时放一点盐，煮好后泡20分钟左右再烤制。

做法

1 鲜虾洗净，剪去虾脚和虾须，去掉虾线备用。

2 锅内加入适量清水，水开后加入大葱和姜片，放入鲜虾。

3 待虾肉煮至变色后，捞出控水，用厨房用纸吸干虾表面的水分。

4 烤盘中铺上锡纸，将虾摆入烤架中，烤盘放入烤箱底层，烤架放入中层。

5 烤箱200℃烤制20分钟，拿出来翻面再烤20分钟，至虾壳肉分离即可。

🥕 闲暇时会想吃点小零食，但琳琅满目的零食总是热量偏高。好不容易瘦下来，总不能功亏一篑，不妨自己做点小零食，既不增肥，又不委屈自己的嘴巴。

休闲的小食
香烤鱿鱼丝

🕐 30分钟　　🔥 中等

主料
干鱿鱼片300克

辅料
生抽3汤匙

烹饪秘籍

1 泡发的干鱿鱼会变得卷曲，用竹签固定是为了防止它继续卷曲变形。
2 取出竹签后，可以用刀背在鱿鱼背部敲松，这样更方便撕成细丝。

参考热量表
干鱿鱼300克…939千卡
合计939千卡

做法

1 将干鱿鱼用流水洗净，放入碗中，加入适量热水和生抽，浸泡20分钟左右。

2 取出鱿鱼，用厨房纸巾吸干表面水分，用竹签在鱿鱼背部中心由下到上串起来。

3 放入烤箱内，200℃烤5~8分钟。取出后取下竹签，撕开即可食用。

早上来不及做早餐，可以啃一块燕麦能量棒；也可以在运动后吃一块补充能量。平日闲暇时做一点以备不时之需吧！

给予我力量吧

燕麦能量棒

🕐 30分钟　🔥 简单

主料

即食燕麦200克 | 红糖50克

参考热量表

即食燕麦片200克…718千卡
红糖50克…195千卡
合计913千卡

烹饪秘籍

1 加入一些坚果碎或者葡萄干、蔓越莓等，口感会更好。
2 玻璃饭盒也可以代替烤盘，但是一定要压实。
3 吃不了的可以放入密封袋中保存，注意防潮。

做法

1 不粘锅小火加热，放入即食燕麦片，炒两三分钟，炒出香味备用。

2 用小锅把红糖和纯净水加热，熬制成糖浆。

3 把燕麦片放入容器内，把熬好的糖浆倒入麦片中搅拌均匀。

4 将拌好的燕麦片放入方形的烤盘中压实，放入冰箱中冷藏3小时。

5 将烤盘取出，脱模，然后切成小方块即可。

坚果中含有优质的油脂，能健脑补脑，促进人体新陈代谢。每天适当吃一点，对身体很有好处，但是一次不能吃太多哦。

摄入优质油脂

自制每日坚果

🕐 20分钟　　🔥 简单

主料

生腰果100克
核桃仁100克
巴旦木仁100克
花生仁100克

辅料

葡萄干100克
红枣200克

烹饪秘籍

按照自己的喜好随意搭配坚果，一次不能吃太多。

做法

1 生腰果、核桃仁、巴旦木、花生仁放入烤箱中层，中火150℃烤10分钟左右。

2 将烤好的坚果拿出来晾凉，然后混合葡萄干和红枣，用小密封袋分装好即可。

香菇具有一种特别的香味，不仅脂肪低还能提高免疫力。最近特别流行的吃法就是做香菇脆，但是做法多样，这里先教你做烤箱版的。

吃了就停不下来

香脆香菇干

🕐 30分钟   🔥 简单

参考热量表

香菇500克…130千卡
橄榄油15毫升…135千卡
合计265千卡

主料

香菇500克

辅料

五香粉1茶匙
孜然粉2茶匙
盐1茶匙 | 橄榄油1汤匙

烹饪秘籍

香菇有一定的水分，也可以放到烤架上烘烤。

做法

1 香菇洗净，切成1厘米左右的条。

2 将切好的香菇条放入碗中，加入橄榄油、五香粉、孜然粉和盐，搅拌均匀。

3 烤盘铺上一层锡纸，把香菇平铺到烤盘上。

4 烤箱调成200℃预热，将烤盘放入中层，烤制20分钟左右即可。

薯片吃多了很不健康，可以自己做一款比较健康又实惠的薯片。不用炸也能做出很有特色的味道。

辣到过瘾

香辣薯片

🕐 20分钟　　🔥 简单

主料

土豆1个（约100克）

辅料

盐1茶匙｜孜然粉1茶匙
辣椒粉1茶匙
盐1茶匙｜油2茶匙

烹饪秘籍

炸薯片的时候要注意火候，不然容易煳锅，温度控制不好就多试几次。

参考热量表

土豆100克…81千卡
合计81千卡

做法

1　土豆去皮，洗净，切成薄片待用。

2　将土豆片放入容器内，加入油，搅拌均匀后放入空气炸锅。

3　空气炸锅200℃炸15分钟，取出搅拌一下，再炸10分钟，装盘，撒上其他辅料即可。

🥕 金灿灿的南瓜，配上软糯的鸡蛋，香气扑鼻。南瓜在主食里属于热量比较低的，还有丰富的膳食纤维，是很好的减肥食材。

金灿灿的宝藏
南瓜鸡蛋羹

⏱ 15分钟　　🔥 简单

主料

小南瓜1个（约150克）

辅料

鸡蛋2个（约100克）
牛奶50毫升
生抽2茶匙

── 烹饪秘籍 ──

可以在蒸蛋里放一点火腿丁或者虾仁，这样味道会更加鲜美。

参考热量表

小南瓜150克…35千卡
鸡蛋100克…144千卡
合计179千卡

做法

1　小南瓜洗净，横刀切开，把盖子去掉，挖去里面的子。

2　鸡蛋打散，加入牛奶搅拌均匀。

3　把牛奶鸡蛋液倒入南瓜盅里，盖上保鲜膜。

4　放入蒸锅中，大火蒸10分钟左右，出锅后淋上生抽即可。

酸奶配水果是现在比较流行的一种搭配，酸奶中含有益生菌和蛋白质，搭配富含膳食纤维的水果，让肠道更健康。

时尚单品
酸奶水果捞

🕐 10分钟　🔥 简单

参考热量表

火龙果100克…55千卡
香蕉80克…74千卡
猕猴桃80克…49千卡
酸奶200毫升…144千卡
合计322千卡

主料

火龙果半个（约100克）｜香蕉1根（约80克）
猕猴桃1个（约80克）｜酸奶200毫升

— 烹饪秘籍 —

最好用正当时令的水果，按照自己的口味来添加。

做法

1　火龙果、香蕉、猕猴桃以自己喜欢的方式切成小方块，放入碗中。

2　将酸奶淋入水果中，搅拌均匀就可以了。

香蕉牛奶的滋味十分甜美，喝完后整个人都变得美好起来。这么美好的滋味，自己也可以做出来！

低端价格高端货
香蕉牛奶

⏱ 10分钟　　🔥 简单

主料

香蕉1根（约80克）｜牛奶1盒（约230毫升）

烹饪秘籍

1 香蕉要选择熟透的，不然会有一些涩味。
2 还可以加入适量蜂蜜，味道甜甜的。

参考热量表

香蕉80克…74千卡
牛奶230毫升…124千卡
合计198千卡

做法

1 香蕉去皮，切成小块，放入料理机中。

2 牛奶倒入料理机中，开机搅拌30秒左右，倒入杯中即可。

俗话说"七分吃、三分练"。每个女生都希望自己有着超模的身材，锻炼是一方面，吃也是很重要的环节。自己做一款低卡的健康奶昔，给努力的自己一个奖励。

请赐给我的身材

纤体奶昔

⏱ 10分钟　🔥 简单

主料

蓝莓100克 | 红心火龙果100克 | 牛奶250毫升

┌─ 烹饪秘籍 ──────────────

可按照个人口味任意搭配水果。

└────────────────────────

参考热量表

蓝莓100克···57千卡
红心火龙果100克···60千卡
牛奶250毫升···135千卡
合计252千卡

做法

1 蓝莓洗净，火龙果去皮，切成小块放入料理机中。

2 牛奶倒入料理机中，将所有材料打成顺滑状，倒入杯中即可。

🥕 红薯的绵密加上牛奶的顺滑，既不会担心多余的糖分摄入，也不会只有牛奶的单一口感。

香甜顺滑饮品

薯味牛奶饮

🕐 20分钟　　🔥 简单

主料

红薯150克 | 牛奶200毫升

烹饪秘籍

1 要选择红心的红薯，蒸出来软绵绵的。
2 红薯越多，口感就越浓稠。

参考热量表

红薯150克…135千卡
牛奶200毫升…108千卡
合计243千卡

做法

1 红薯洗净，放入蒸锅中，大火蒸10分钟至熟透。

2 蒸好的红薯放入搅拌机中，加入牛奶，搅拌至顺滑，倒出即可。

创新吃法
秋葵土豆泥

🕐 30分钟　🔥 简单

主料

土豆2个（约200克）
秋葵七八根（约100克）

参考热量表

土豆200克…162千卡
秋葵100克…25千卡
合计187千卡

辅料

火腿片5片｜盐1茶匙｜葱1段｜生抽2茶匙
蚝油1茶匙｜油2茶匙

做法

1　土豆洗净，去皮，切块，放入蒸锅中，蒸10分钟取出，捣成土豆泥备用。

2　火腿片切成小丁。将盐和火腿丁加入土豆泥中，搅拌均匀。

3　秋葵洗净，放入沸水中氽烫30秒左右，至变成深绿色捞出。

4　去掉秋葵的顶端，切成半厘米左右的小块。

5　取一个小碗，将秋葵均匀码入碗底，中心用土豆泥填满。

6　用一个盘子扣在小碗上，将秋葵和土豆泥倒扣在盘子上。

7　葱切成葱花。中火将锅加热，加入油，爆香葱花，倒入生抽和蚝油翻炒。

8　再加入适量清水，熬制浓稠成调味汁，然后淋在秋葵土豆泥上即可。

烹饪秘籍

土豆泥比较干，可以加入一些牛奶，就变成有奶香味的土豆泥了。

土豆的淀粉含量比较多，单一食用比较乏味。秋葵的加入会促进消化，也补充了维生素。

可当成一道主食，也可以作为下午茶的甜点，造型好看，制作过程也非常简单。

甜蜜的小火山
酸奶果仁紫薯泥

🕐 20分钟　🔥 简单

参考热量表

紫薯200克…212千卡
酸奶100克…72千卡
合计284千卡

主料

紫薯200克
酸奶100克

辅料

坚果仁10克
蜂蜜2茶匙

烹饪秘籍

不喜欢吃甜食的可以不加蜂蜜。

做法

1 紫薯洗净，去皮，切成小块，放入锅中，大火蒸10分钟，至筷子能扎透即可。

2 紫薯放入碗中，碾成泥状，倒入蜂蜜搅拌均匀。

3 把酸奶淋在紫薯泥上，表面撒上坚果即可。

🥕 白色和紫色的搭配感觉特别清新，家里的老人和小朋友也会很喜欢。这道点心健康低脂，操作起来也很方便。

甜而不腻的糕点

紫薯山药糕

🕐 30分钟　　🔥 简单

主料

铁棍山药200克
紫薯200克

辅料

蜂蜜2汤匙
橄榄油2茶匙

烹饪秘籍

山药泥和紫薯泥最好用细筛过一下，这样可以保证没有颗粒，口感也更绵密。

参考热量表

山药200克…114千卡
紫薯200克…212千卡
合计326千卡

做法

1 山药、紫薯分别洗净，去皮，切成小块，上锅大火蒸10分钟，筷子能扎透就可以了。

2 将山药和紫薯装入碗中，分别碾成泥状。

3 在山药泥和紫薯泥中分别加入等量的蜂蜜和橄榄油拌匀。

4 取适量山药泥和紫薯泥放入月饼模具中压实，然后脱模放入盘中即可。

🥕 做面包不一定要加很多种辅料，也许简单一点，反而会更好吃。而且添加的辅料越少，热量也越容易控制，不用担心长肉哦。

浓郁奶香味
香蕉玛芬蛋糕

🕐 50分钟　🔥 简单

参考热量表

全麦面粉150克…528千卡
香蕉200克…186千卡
牛奶250毫升…135千卡
合计849千卡

主料

全麦面粉150克
熟香蕉3根（约200克）
牛奶250毫升

辅料

葵花子仁30克
黑芝麻20克
泡打粉6克

烹饪秘籍

搅拌面粉时要上下翻动切拌，不要顺时针搅拌，否则容易出现面筋。

做法

1 将熟透的香蕉去皮，放入料理机，加入牛奶，搅拌至顺滑状态。

2 全麦面粉倒入容器中，加入泡打粉和香蕉牛奶液，将面粉搅拌至无干面状态。

3 做好的面粉倒入烤蛋糕的容器内，静置10分钟左右，撒上葵花子仁和黑芝麻。

4 烤箱200℃预热3分钟，将蛋糕坯放入中层，烤25分钟左右即可。

🥕 这款蛋挞加了"料"，比普通蛋挞更健康，而且不会油腻，味道鲜美，口感更好。

换种口味的吃法

虾仁蛋挞杯

🕐 30分钟　　🔥 简单

主料

虾仁100克
口蘑100克
甜玉米粒适量
鸡蛋4个（约200克）
牛奶适量

辅料

黑胡椒粉1茶匙
油少许

参考热量表

虾仁100克…48千卡
口蘑100克…277千卡
鸡蛋200克…288千卡
合计613千卡

烹饪秘籍

没有烤箱也可以用蒸锅来做，但是口感会不一样。

做法

1 虾仁洗净，切成小丁；口蘑洗净，去蒂，也切成小丁；分别焯水备用。

2 牛奶倒入碗中加入盐，磕入鸡蛋，搅拌成牛奶鸡蛋液。

3 在玛芬模具的杯底刷上一层油，加入牛奶鸡蛋液至模具的1/3。

4 放入虾仁、口蘑和甜玉米粒，然后用牛奶鸡蛋液将模具填满。

5 烤箱180℃预热2分钟，将模具放入烤箱中层烤制15分钟，出炉后撒上黑胡椒粉即可。

只需冷藏，就能做出好吃的小甜品。软绵绵的，还非常可爱。

软绵的甜蜜
椰蓉小方

🕐 60分钟　　🔥 简单

主料

全脂牛奶1盒（约230毫升）｜玉米淀粉30克
绵白糖20克｜椰蓉100克

参考热量表

牛奶230毫升…124千卡
玉米淀粉30克…104千卡
绵白糖20克…79千卡
椰蓉100克…519千卡
合计826千卡

--- 烹饪秘籍 ---

1 一定要放到冷藏室保存，不是冷冻室。
2 熬制到很浓稠才可以，不然冷藏后不易定形。

做法

1 将牛奶、淀粉、白糖放入奶锅中搅拌至化开。

2 开小火，将其不断搅拌加热到浓稠状态。

3 等熬到非常浓稠的状态后，取出，放到油纸上包裹，压成方形，放入冷藏室冷藏1小时。

4 冷藏后取出，切成小方块，再裹满椰蓉，即可装盘。

桃子具有养颜作用，肉质鲜美且清甜可口。大量桃子上市时，可以做一点小甜品解解馋。

夏末的清甜
椰汁蜜桃冻

🕐 60分钟　　🔥 简单

主料
水蜜桃1个（约100克）

辅料
鲜椰汁100毫升
牛奶100毫升
吉利丁片2片

参考热量表

鲜椰汁100毫升…44千卡
牛奶100毫升…54千卡
水蜜桃100克…46千卡
合计144千卡

做法

1 水蜜桃洗净，切成小块备用。

2 将牛奶和鲜椰汁放入小奶锅中，加入吉利丁片，熬至化开。

3 将煮好的椰汁牛奶倒入容器中，放入水蜜桃。

4 冷却后盖上保鲜膜，放入冷藏室保存1小时，待凝固后取出，切成小块即可。

烹饪秘籍

1 选择软桃，待果冻定形后比较容易切开。

2 没有鲜椰汁也可以全部用牛奶代替，或者用灌装椰汁也可以。

火龙果加椰奶也是自己发明的创新搭配，出来后效果很不错，也给了自己一个惊喜。

给自己的惊喜
火龙果奶冻

🕐 60分钟　　🔥 简单

参考热量表

火龙果150克…83千卡
椰奶100毫升…127千卡
合计210千卡

主料

红心火龙果1个（约150克）

辅料

椰奶100毫升
吉利丁片2片

― 烹饪秘籍 ―

椰奶有点甜度，所以没放糖，喜欢吃甜的可以适当放一些白砂糖。

做法

1 横着把火龙果的顶端切掉，将火龙果竖着放到碗中，用勺子在中间挖出一个洞。

2 将椰奶和吉利丁片放入小锅中，熬至化开，然后在室温下晾凉。

3 将椰奶汁倒入火龙果内，封上保鲜膜，入冰箱冷藏两三小时即可。

4

便当系列

红烧鸡翅+水煮蔬菜+杂粮饭

🕐 30分钟　🔥 简单

主料

鸡翅5个（约200克）｜杂粮饭200克
菜花80克｜秋葵50克｜胡萝卜50克

辅料

蚝油1汤匙｜生抽2茶匙｜料酒1茶匙
姜2片｜黑胡椒粉半茶匙｜盐半茶匙
油2茶匙

参考热量表

鸡翅200克…388千卡
杂粮饭200克…236千卡
菜花80克…16千卡
胡萝卜50克…16千卡
秋葵50克…13千卡
合计669千卡

做法

1 鸡翅洗净，在背面划开两刀，以便腌制的时候更好入味。

2 姜切成姜丝，放入鸡翅中，再放入料酒、盐和黑胡椒粉，腌10分钟。

3 在腌制同时，胡萝卜洗净、切片；菜花掰小朵；胡萝卜、秋葵和菜花入沸水中余烫至断生，捞出备用。

4 不粘锅内加入油，中小火加热，油微热后放入腌制好的鸡翅。

5 待鸡翅两面煎成金黄色，倒入适量清水、生抽和蚝油，中火炖煮5分钟，将汤汁熬至浓稠。

6 把做好的鸡翅、蔬菜和杂粮饭码放入便当盒中即可。

> 烹饪秘籍
>
> 鸡翅本身有一些油脂，煎制时放一点油就可以，但是注意火候，避免煳锅。

鸡翅一直是我心中大爱，淋上一些汤汁，配上一些米饭，加上新鲜蔬菜，一份健康的便当就做好了。

🥕 有时候不愿做特别复杂的便当，就偷偷懒，做点便捷的。半个小时就差不多搞定了，觉得自己棒棒的呢。

黑胡椒鸡胸肉+水煮西蓝花+玉米饭

🕐 20分钟　　🔥 简单

主料

玉米饭200克｜鸡胸肉150克
西蓝花100克｜小白菜100克

辅料

黑胡椒粉1茶匙｜盐半茶匙｜油2茶匙

参考热量表

玉米饭200克⋯188千卡
鸡胸肉150克⋯200千卡
西蓝花100克⋯36千卡
小白菜100克⋯17千卡
合计441千卡

烹饪秘籍

鸡胸肉敲松后，口感会比较松软，煎制时也比较容易熟。

做法

1　鸡胸肉洗净，用刀背敲松，加入黑胡椒粉和盐，腌制10分钟。

2　不粘锅加入油，中火加热，油微热后，放入鸡肉煎至两面金黄。

3　小白菜、西蓝花择洗净，焯水，捞出备用。

4　将所有食材均匀码入便当盒中即可。

🥕 这份便当荤素搭配，满足了人体对蛋白质、膳食纤维和维生素的需求，同时做法也少油、少盐、少糖，是一份健康的减脂便当。

干锅菜花+圣女果 +糙米饭

🕐 20分钟　　🔥 简单

主料

鸡胸肉150克 | 菜花100克 | 糙米饭200克
圣女果100克

辅料

孜然粒1茶匙 | 油2茶匙 | 盐半茶匙 | 生抽2茶匙
蚝油1茶匙

烹饪秘籍

鸡胸肉切好后，也可以放入一些料酒和黑胡椒粉腌制5分钟左右，味道更浓郁。

参考热量表

鸡胸肉150克…200千卡
糙米饭200克…278千卡
菜花100克…20千卡
圣女果100克…25千卡
合计523千卡

做法

1　菜花洗净，掰成小朵，放入沸水锅中汆烫至断生，捞出备用。

2　鸡胸肉洗净，切成薄片。大火加热不粘锅，放油烧至微热后，放入鸡胸肉翻炒。

3　待鸡肉成熟后，放入菜花翻炒，然后加入生抽、蚝油、盐、孜然粒调味，翻炒均匀。

4　将炒好的菜花码入便当盒中，再装入糙米饭和洗净的圣女果即可。

杂蔬炒鸡腿肉+金枪鱼饭团

🕐 30分钟　　🔥 简单

主料

白米饭200克｜油浸金枪鱼罐头100克
去骨去皮鸡腿肉100克｜胡萝卜30克
青豆30克｜香菇30克

辅料

寿司醋2茶匙｜盐1茶匙｜黑胡椒粉1茶匙
油2茶匙

参考热量表

白米饭200克…232千卡
油浸三文鱼罐头100克…191千卡
鸡腿肉100克…181千卡
香菇30克…8千卡
胡萝卜30克…10千卡
青豆30克…119千卡
合计741千卡

做法

1　米饭煮好后加入寿司醋搅拌，把金枪鱼罐头捞出碾碎，放入饭中拌匀。用饭团模具按压出饭团形状，装入便当盒中。

2　鸡腿肉、胡萝卜、香菇分别洗净、切小丁，用沸水汆烫熟。

3　不粘锅内加入油，大火加热，放入鸡肉丁炒至变色，加入香菇丁、胡萝卜丁、青豆翻炒均匀。

4　加入黑胡椒粉和盐，炒匀调味，盛出，放入便当盒中即可。

烹饪秘籍

鸡腿肉质比鸡胸肉软嫩，炒出来口感也比较爽滑。

做一个漂亮的餐盒，打开餐盒的那一刻，心中会特别喜悦，觉得自己很厉害呢。

麻辣香锅+香蕉+米饭

🕐 30分钟　🔥 简单

主料

米饭200克 ｜ 藕50克 ｜ 莴笋100克
鸡腿肉100克 ｜ 鲜香菇100克
海带结100克 ｜ 香蕉1根（约100克）

辅料

干辣椒段20克 ｜ 麻椒少许 ｜ 花椒少许
郫县豆瓣酱1汤匙 ｜ 蒜4瓣 ｜ 姜2片
蚝油2茶匙 ｜ 白糖1茶匙 ｜ 油2汤匙

参考热量表

米饭200克…232千卡
藕50克…24千卡
莴笋100克…15千卡
鸡腿肉100克…181千卡
香菇100克…26千卡
海带结100克…13千卡
香蕉100克…93千卡
合计584千卡

做法

1 藕和莴笋洗净，去皮，切成薄片；鲜香菇洗净，对半切开；鸡肉切成小丁。

2 将藕、莴笋、香菇、海带结分别焯水捞出。

3 不粘锅内加入适量油，中火烧热，放入鸡肉丁煎炒至熟，出锅备用。

4 另起油锅，中火烧至油微热，加入郫县豆瓣酱、花椒、麻椒、干辣椒段炒香，再加入姜和蒜煸炒出香味。

5 待调料炒香后，加入鸡丁和藕、莴笋、香菇、海带结，翻炒均匀。

6 翻炒两三分钟后，加入蚝油、白糖，继续翻炒1分钟后即可出锅，与米饭、香蕉一起装入便当盒中。

烹饪秘籍

1 如果辅料准备不全，可以购买麻辣香锅的配料。
2 可以在配菜时准备一些绿叶菜一起食用。

对于"无辣不欢"的朋友，不吃辣总觉得少点什么。做一个香辣可口、香气弥漫的开胃便当，让隔壁的小朋友都投来羡慕的眼光。

便捷又美味
韩式拌饭便当

🕐 20分钟 🔥 简单

主料

米饭300克 | 五花肉100克 | 黄豆芽100克
鲜香菇100克 | 油菜50克 | 胡萝卜50克

辅料

韩式辣酱适量 | 白糖1茶匙 | 生抽1汤匙
料酒1汤匙 | 油1汤匙 | 大蒜3瓣
香油1茶匙

参考热量表

米饭300克…348千卡
五花肉100克…395千卡
胡萝卜50克…16千卡
香菇100克…26千卡
黄豆芽100克…47千卡
油菜50克…13千卡
合计845千卡

做法

1 五花肉切成小片，放入碗中，加入适量生抽、料酒、白糖，腌制10分钟。

2 胡萝卜和香菇洗净，切成细丝；锅中加适量油，放入胡萝卜、香菇炒熟盛出。

3 油菜和黄豆芽洗净，分别焯水，盛出备用。

4 锅中加入油，大火加热，放入蒜末炒香，放入腌制好的五花肉。

5 将五花肉炒至肉片卷翘、外皮焦黄，加入生抽和香油调味，然后码在便当盒中的米饭上。

6 把胡萝卜、香菇、黄豆芽和油菜也均匀码入便当盒中，再淋上适量的韩式辣酱即可。

> 烹饪秘籍
>
> 五花肉本身会出一点油脂，所以炒制时可少加一些油。

🥕喜欢韩剧的人都会被韩餐所吸引，韩式拌饭、炸酱面、炸鸡、烤肉、大酱汤……想想就让人流口水。韩式拌饭是其中热量比较低的一种，做起来也比较简单。

水芹菜炒牛肉丝+糙米饭

🕐 30分钟　🔥 简单

主料

牛肉里脊150克｜水芹菜100克｜糙米饭
200克

辅料

蚝油2茶匙｜生抽1茶匙｜黑胡椒粉2茶匙
盐半茶匙｜油1汤匙

参考热量表

牛肉150克…159千卡
水芹菜100克…13千卡
糙米饭200克…278千卡
合计450千卡

做法

1 用刀背在牛肉上敲几
下，使牛肉的纤维断裂
后，切成细丝。

2 将牛肉细丝放入碗
中，加入盐和1茶匙黑胡
椒粉，腌制10分钟。

3 水芹菜洗净，切成小
段备用。

4 大火将锅加热，放入
油，油温升高后，放入
牛肉丝炒至牛肉变色。

5 放入水芹菜，加蚝
油、生抽调味，待芹菜
变软，放入剩下的黑胡
椒粉炒至均匀。

6 糙米饭放入便当盒
中，再将炒好的牛肉芹
菜丝也放入便当盒中就
可以了。

烹饪秘籍

牛里脊比较好切，肉质也比较嫩滑。

糙米饭热量不是很高，但饱腹感强，加上富含蛋白质的牛肉，一份充满能量的便当就出炉啦。

🥕豆腐属于低热量高蛋白的健康食材，其含有的黄酮类物质对女性内分泌有比较好的调节作用。

茄汁豆腐+爽口莴笋+黑米饭

🕐 20分钟　　🔥 简单

主料

北豆腐100克｜黑米饭200克｜莴笋100克

辅料

番茄酱2汤匙｜蚝油2茶匙｜盐少许
油2茶匙｜葱1段｜姜2片｜白糖1茶匙

参考热量表

北豆腐100克…116千卡
莴笋100克…15千卡
黑米饭200克…228千卡
合计359千卡

— 烹饪秘籍 —

喜欢番茄汁风味比较浓郁的，可以再放入一些番茄丁。

做法

1 豆腐洗净，切成1厘米左右见方的小块，放入不粘锅内，中小火煎至两面金黄。

2 葱、姜切成细丝；锅中放油，烧至微热后放入葱姜炒香，放入番茄酱翻炒半分钟左右，加入适量清水、蚝油、白糖、盐，调成番茄汁。

3 放入煎好的豆腐，小火炖煮5~8分钟，待汤汁浓稠后，翻拌均匀，装入便当盒中。

4 莴笋切成细丝，水煮断生，捞出过凉后加入盐拌匀，与黑米饭一起装入便当盒中。

土豆中的碳水化合物含量比米饭低，可以替代米饭作为主食食用，并且还更易饱腹，减肥时期可以经常食用。

虾仁滑蛋+苹果+黑胡椒土豆

🕐 20分钟　　🔥 简单

主料

土豆200克｜虾仁200克｜鸡蛋2个（约100克）

辅料

盐1茶匙｜黑胡椒粉1茶匙｜油2茶匙｜苹果1个（约100克）

参考热量表

鸡蛋100克…144千卡
虾仁200克…96千卡
土豆200克…162千卡
苹果100克…53千卡
合计455千卡

烹饪秘籍

虾仁和鸡蛋都熟得比较快，所以火候不宜过大。

做法

1 土豆洗净，去皮，切块，放入蒸锅中蒸熟，撒上黑胡椒粉和盐，入烤箱烤5分钟，盛入便当盒。

2 鸡蛋磕入碗中，打散搅匀。虾仁对半切开，放入蛋液中，加入适量盐拌匀。

3 不粘锅加热，放入油，油热后放入虾仁蛋液，煎定形后翻炒。

4 当虾仁和鸡蛋都熟透后，盛入装好了黑胡椒土豆和苹果的便当盒中即可。

芦笋炒虾仁+白灼菜花+杂粮饭

🕐 30分钟　🔥 简单

主料

芦笋100克｜虾仁10只（约150克）
菜花100克｜杂粮饭200克

辅料

油1汤匙｜盐1茶匙｜料酒2茶匙

参考热量表

杂粮饭200克…236千卡
芦笋100克…22千卡
虾仁150克…72千卡
菜花100克…20千卡
合计350千卡

做法

1　芦笋削去硬的表皮，切成斜段；菜花掰成小朵，洗净；虾仁去掉虾线备用。

2　将芦笋放入开水锅中焯烫至变色捞出，再将菜花焯烫至断生，捞出备用。

3　锅中放油，大火烧热，放入虾仁翻炒至变色，烹入料酒去腥，再放入芦笋翻炒。

4　当虾仁炒成红色后，加入盐翻炒均匀，出锅放入便当盒中。

5　再将菜花和杂粮饭码到便当盒中即可。

烹饪秘籍

芦笋焯水时间不宜过长，变色就可以捞出。

便当餐可以随意搭配，但是要保证营养均衡，在兼顾美味的同时，也要让自己吃得健康。

水煮秋葵+火龙果+鸡肉番茄意酱面

🕐 20分钟　🔥 简单

参考热量表

通心粉150克…525千卡
鸡胸肉200克…266千卡
番茄100克…15千卡
火龙果100克…55千卡
秋葵100克…25千卡
合计886千卡

主料

意大利通心粉150克 | 鸡胸肉200克
番茄1个（约100克） | 番茄酱2汤匙
洋葱半个（约20克） | 秋葵100克
火龙果半个（约100克）

辅料

黑胡椒粉1茶匙 | 意大利综合香料2茶匙
盐半茶匙 | 白糖半茶匙 | 油1汤匙

做法

1 鸡肉洗净，剁成肉末；番茄洗净、去皮，切成丁；洋葱切成小丁；秋葵洗净。

2 不粘锅放入油，中火加热，将鸡肉末在锅中滑散定形，盛出备用。

3 另起油锅，加油烧热，放入洋葱丁翻炒至软，加入番茄丁，翻炒一两分钟后出汤，加入番茄酱和鸡肉末翻炒均匀。

4 待酱汁翻炒浓稠后，加入盐、白糖、意大利综合香料、黑胡椒粉，翻炒入味即可。

5 煮锅内加入适量水，烧开后放入秋葵焯烫至断生，然后入冷水中过凉。

6 再将意大利通心粉放入锅中煮8～10分钟，捞出控水。

　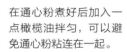

7 将所有准备好的食材均匀码入便当盒中。

8 最后将半个火龙果去皮、切块，装入水果盒内。

烹饪秘籍

在通心粉煮好后加入一点橄榄油拌匀，可以避免通心粉粘连在一起。

这道意面不加黄油也很好吃，鸡肉蛋白质含量丰富，配合酸甜的番茄，很是爽口。

沙拉花园　能量果蔬汁　营养辅食轻松做　好喝的粥　减脂轻食　蔬果沙拉

粗粮细做　像营养师一样吃晚餐　像好厨吃早餐　滋补靓汤　主食沙拉　一煲好汤　一碗好粥

元气素食　低卡饱腹健康餐　多吃蔬菜身体好　沙拉与果蔬汁　轻食沙拉纤体瘦身　24节气养生餐　沙拉与三明治

无烟少油轻食料理　减脂健康餐　诱人的减脂料理　0-3岁宝宝营养辅食全攻略　广式滋补靓汤　0-7岁聪明宝宝餐　给孩子吃的快手营养早餐

0-12岁孩子成长餐　手作健康零食　怀孕期营养食谱　汤汤水水滋养全家　汤水之爱　月子期营养食谱

西餐 轻松做

懒人厨房

烤箱料理

好吃懒做

懒人快手营养早餐

懒人下厨房系列

懒人下面条

花样烤箱料理 快捷 营养 美味

懒人健康菜

烤着吃才香

烤箱轻食

懒人快手一餐

家常美食系列

光饭最佳拌侣

米饭多小炒

烘焙情书

好汤好菜

意面和比萨

不可一日无肉

零失败家常菜

回家吃饭

一碗好酱一桌好菜

蒸炖煮一本全

鱼 我所欲也

原汁原味好吃蒸菜

清粥小菜

麻辣鲜香煨隔川菜

花样主食

晚餐请吃七分饱

午餐 Lunch

爱吃馅

缤纷饮品

炒饭炒面

在家吃火锅

面包上的100种早餐

果汁 果酱

图书在版编目（CIP）数据

萨巴厨房. 减脂健康餐 / 萨巴蒂娜主编 . — 北京：
中国轻工业出版社，2025.4

ISBN 978-7-5184-2467-2

Ⅰ . ①萨… Ⅱ . ①萨… Ⅲ . ①减肥 – 食谱 Ⅳ .
① TS972.12

中国版本图书馆 CIP 数据核字（2019）第 081889 号

责任编辑：张　弘　高惠京　　　　责任终审：劳国强　　整体设计：锋尚设计
策划编辑：张　弘　洪　云　高惠京　责任校对：李　靖　　责任监印：张京华

出版发行：中国轻工业出版社（北京鲁谷东街5号，邮编：100040）

印　　刷：北京博海升彩色印刷有限公司

经　　销：各地新华书店

版　　次：2025年4月第1版第9次印刷

开　　本：720×1000　1/16　印张：12

字　　数：200千字

书　　号：ISBN 978-7-5184-2467-2　定价：49.80元

邮购电话：010-85119873

发行电话：010-85119832　010-85119912

网　　址：http://www.chlip.com.cn

Email：club@chlip.com.cn